Cornelia Klapper

Auf Streifzug mit der Canon EOS 7D

Cornelia Klapper

Auf Streifzug mit der Canon EOS 7D

Gestaltung und Nachbearbeitung von Naturaufnahmen in HD

Reihe Gesellschaftswissenschaften

Imprint

Any brand names and product names mentioned in this book are subject to trademark, brand or patent protection and are trademarks or registered trademarks of their respective holders. The use of brand names, product names, common names, trade names, product descriptions etc. even without a particular marking in this work is in no way to be construed to mean that such names may be regarded as unrestricted in respect of trademark and brand protection legislation and could thus be used by anyone.

Cover image: www.ingimage.com

Publisher:
AV Akademikerverlag
is a trademark of
Dodo Books Indian Ocean Ltd. and OmniScriptum S.R.L publishing group

120 High Road, East Finchley, London, N2 9ED, United Kingdom
Str. Armeneasca 28/1, office 1, Chisinau MD-2012, Republic of Moldova, Europe
Printed at: see last page
ISBN: 978-620-2-20786-7

Bibliografische Angaben

Klapper, Cornelia:

Auf Streifzug mit der Canon EOS 7D. Gestaltung und Nachbearbeitung von Naturaufnahmen in HD

Expedition with the Canon EOS 7D. Composition and postproduction of outdoor photography in HD

62 Seiten, 12 Seiten Inhalt, 3 Seiten Anhang, 19 Abbildungen, eine Tabelle, 12 Literaturangaben

Hochschule Mittweida, University of Applied Sciences,
Fakultät Medien, Bachelorarbeit, 2013

Referat

Diese Bachelorarbeit behandelt den Einsatz der digitalen Spiegelreflexkamera Canon EOS 7D bei Filmaufnahmen im Tier- und Pflanzenreich, legt Vor- und Nachteile der verwendeten Technik dar und zeigt Möglichkeiten auf, wie sich die Anwendung der Kamera optimieren lässt.

Zunächst wird die Videotechnik von digitalen Spiegelreflexkameras vorgestellt. Dabei liegt das Hauptaugenmerk auf Sensorgrößen sowie Film- und Datenformaten. Anschließend werden Funktionen der Canon EOS 7D beschrieben, sowie verschiedene Möglichkeiten, deren Parameter für Videoaufnahmen zu verbessern. Der Schwerpunkt der Arbeit liegt auf der Vorbereitung, Gestaltung und Durchführung von Aufnahmen in der freien Wildbahn. Der Fokus ist auf spezielle Ausrüstung, Bildkomposition und Vorgehensweisen beim Ablichten von Flora und Fauna gerichtet. Abschließend werden Hilfsmittel im Bereich der Nachbearbeitung aufgeführt und die verschiedenen Arbeitsschritte der Belichtungs- und Farbkorrektur behandelt.

Inhaltsverzeichnis

Abkürzungsverzeichnis

APS(-C)	Advanced Photo System (Classic)
ASC	American Society of Cinematographers
AV-Container	Audio/Video-Container
AVC	Advanced Video Coding
AVI	Audio Video Interleave
AWB	Automatic White Balance
CCD	Charge-Coupled Device
CF	Compact Flash
CMOS	Complementary Metal Oxide Semiconductor
DIGIC	Digital Image Core
DSLR	Digital Single Lens Reflex
EOS	Electro-Optical System
FAT	File Allocation Table
HD	High Definition
HDSLR	Zusammenschluss der Abkürzungen HD und DSLR
H.264	Standard zur Videokompression

ISO	International Organization for Standardization
LCD	Liquid Crystal Display
MJPEG	Motion Joint Photographic Experts Group
MOV	Dateiendung von Containerformat der Multimedia-Architektur Quicktime von Apple
MPEG-4	Standard der Moving Picture Experts Group
NTSC	National Television Systems Committee
PAL	Phase Alternating Line
PCM	Puls-Code-Modulation
SD	Standard Definition oder Secure Digital
SDHC	Secure Digital High Capacity
SDXC	Secure Digital Card Extended Capacity
SECAM	Séquentiel couleur à mémoire (Sequentielle Farbspeicherung)
UV	ultraviolett
XLR	Industriestandard für elektrische Steckverbindungen
YUV	Farbmodell für analoges Fernsehen (PAL), Y= Luminanz, UV= Chrominanz (U= Blaudifferenz, V= Rotdifferenz)

Abbildungsverzeichnis

Tabellenverzeichnis

Einleitung

Das Ablichten der facettenreichen Tier- und Pflanzenwelt blieb im Zeitalter des analogen Films nur sehr wenigen Experten vorbehalten. Mit der fortschreitenden Digitalisierung jedoch wurde dieses Medium immer mehr Menschen zugänglich. Revolutionär war die Entwicklung der digitalen Spiegelreflexkamera mit Videofunktion, zu deren Gruppe die im Rahmen dieser Arbeit beschriebene Canon EOS 7D zählt.

Die Voraussetzungen für den Videomodus erfüllten die Spiegelreflexkameras schon um das Jahr 2005 mit Einführung der sogenannten Live-View-Funktion. Dabei bleibt der Schwingspiegel hochgeklappt und gibt den Sensor für eine durchgängige Belichtung frei. Die Bildkontrolle erfolgt am Monitor. Mit der Nikon D90 erschien 2008 die erste digitale Spiegelreflexkamera mit Videofunktion, dicht gefolgt von der Canon EOS 5D Mark II.[1] Doch Videokameras gibt es ja bekanntlich schon viel länger. Was ist also das Besondere an den videofähigen SLRs?

Der Grund für den riesigen Hype ist der begehrte "Film-Look" mit geringer Schärfentiefe, welcher durch die großen Sensoren dieser Kameras ermöglicht wird. Professionell wirkende Bilder lassen sich nun also sehr kostengünstig realisieren. Die Erkenntnis machte auch vor Naturfilmern keinen Halt. Allerdings reicht es gerade beim Ablichten von Flora und Fauna nicht aus, lediglich eine Kamera zu besitzen, mit der ein gewisser Look erzielt werden kann. Die Beherrschung der Technik ist eine unerlässliche Voraussetzung für die erfolgreiche Durchführung von Naturaufnahmen. Ebenso wichtig ist es, ein Gefühl für Bildgestaltung und vor allem ein Verständnis für die Natur an sich zu entwickeln und den richtigen Umgang mit dieser und allen in ihr lebenden Geschöpfen zu erlernen.

Das Ziel dieser Bachelorarbeit ist es, dem Leser/der Leserin anfangs die Videotechnik von digitalen Spiegelreflexkameras näher zu bringen und die Eigenschaften und Funktionen der Canon EOS 7D hervorzuheben. Anschließend wird beschrieben, wie sich diese Technik für Aufnahmen in der Natur optimieren lässt. Wichtige Grundlagen hinsichtlich der Vorbereitung, Farblehre und Bildgestaltung führen den Leser/die Leserin schlussendlich zur Belichtungs- und Farbkorrektur in der Postproduktion.

---

[1] vgl. URL: http://www.cnet.de/39199498/nikon-d90-erste-dslr-die-hd-videos-in-1280-x-720-aufnimmt/, Stand 12.01.2013

1   Die Videotechnik der DSLR-Kameras

1.1   SLR - Das Spiegelreflexsystem

Die Canon EOS 7D ist eine so genannte DSLR-Kamera, eine digitale Spiegelreflexka-
mera. Die Abkürzung DSLR steht für "Digital Single Lens Reflex". Im englischen
Sprachraum wird diese Art von Kamera auch oft als HDSLR (High-Definition Single
Lens Reflex oder hybrid DSLR) bezeichnet.[2]

Das Licht wird mithilfe des eingebauten Schwingspiegels durch das Objektiv als optisches Bild in das Sucherokular gespiegelt. So kann exakt das Bild begutachtet werden,
welches auch auf dem Sensor aufgezeichnet wird.[3]

Im Jahre 2006 kam die erste digitale Spiegelreflexkamera mit Live View Modus auf den
Markt, die Olympus E-330. Diese Kamera hatte allerdings noch keine Videofunktion.[4]

Bei der Live View klappt der Schwingspiegel hoch, bleibt oben am Sucherschacht und
gibt den Weg auf den Sensor frei. Der Sucher wird verdunkelt und das Livebild erscheint auf dem LCD-Monitor der Kamera. An der Canon EOS 7D wurde als weiterer
Schritt die Videofunktion realisiert. Dadurch, dass der Spiegel im Live View Modus
nicht mehr zurückklappt, kann die Live View ohne Unterbrechung aufgezeichnet und
als Videofilm gespeichert werden.[5]

Der Schwingspiegel der 7D ist im Verhältnis von 60:40 teildurchlässig und bedient so
gleichzeitig die schnellen Autofokussensoren mit Lichtinformation. Dadurch wird es
möglich, sehr schnell und exakt zu fokussieren. Sobald der Spiegel jedoch nach oben
schwingt, werden die Autofokussensoren nicht mehr mit Lichtinformation versorgt. Genau das ist der Fall im Videomodus. Dann übernimmt der Bildsensor die Fokussierung
und dieser braucht dazu etwas länger.[6]

---

[2] vgl. LANCASTER Kurt: DLSR Cinema. Crafting the Film Look with Video. 1. Auflage, Focal Press, Burlington 2010, S. XVII

[3] vgl. GROSS Stefan: Das Profi-Handbuch zur Canon EOS 7D. 1. Auflage, Data Becker GmbH & Co. KG,
Düsseldorf 2010, S. 38

[4] vgl. URL: http://www.digitalkamera.de/Testbericht/Olympus_E_330/3227.aspx, Stand 26.12.2012

[5] vgl. Gross 2010, S. 38

[6] vgl. Gross 2010, S. 39

1.2   Sensorgrößen

1.2.1 Übliche Sensorgrößen bei DSLR-Kameras

Bei den DSLR-Kameras auf dem Markt werden unterschiedliche Sensorgrößen verbaut. Die Größe des Sensors hat direkten Einfluss auf Parameter wie Schärfentiefe und Rauschverhalten.

Der Four-Thirds-Sensor (17,3 x 13 mm) ist der kleinste momentan verwendete Sensor bei Spiegelreflexkameras. Er hat im Vergleich zum Kleinbild- bzw. Vollformat einen Formatfaktor (auch Brennweitenverlängerungs- oder Cropfaktor genannt) von 2. Das bedeutet, ein Objektiv mit einer Brennweite von 25 mm beim Kleinbildformat entspricht beim Four-Thirds-Sensor einem Objektiv mit 50 mm Brennweite. Viele DSLR-Kameras verwenden Sensoren mit dem sogenannten APS-C-Format. Dieses hat einen Formatfaktor von 1,5 (z.B. beim DX-Format von Nikon) bis 1,6, wie bei der Canon EOS 7D (22,3 x 14,9 mm). Da sich diese Sensorformate in der Größe nur minimal unterscheiden, werden sie unter dem Oberbegriff Cropformate zusammengefasst. Der bis zum heutigen Zeitpunkt größte Sensor, der bei DSLR-Kameras verbaut wird, ist der Vollformat- oder FX-Format-Sensor. Er hat mit den Maßen 36 x 24 mm dieselbe optisch wirksame Fläche wie der Kleinbildfilm und deshalb den Formatfaktor 1.

Der vergleichsweise kleinere Sensor der EOS 7D hat durchaus auch Vorteile. Kleinere Sensoren sind in der Herstellung kostengünstiger, deshalb können Kameras mit Cropformat preiswerter angeboten werden, obwohl sie immer noch einen relativ großen Bildsensor haben. Des weiteren können zum Ausleuchten der kleineren Sensoroberfläche auch Objektive verwendet werden, die einen geringeren Durchmesser, also auch weniger Glas und deshalb weniger Gewicht haben. Es gibt sogar eigens für das Cropformat entwickelte Objektive.

Ein weiterer Vorteil macht sich bei der Arbeit im Telebereich bemerkbar, denn durch das Cropformat haben bereits mittellange Brennweiten eine starke Telewirkung und man kann sich das Mitschleppen von schweren Teleobjektiven sparen. Dadurch ergibt sich allerdings auch der Nachteil, dass man schon extrem kurze Brennweiten einsetzen muss, um Aufnahmen mit ausgeprägtem Weitwinkeleffekt zu erzielen.[7]

---

[7] vlg. KRAUS Helmut: HD-Filmen mit der Spiegelreflex. Mit der DSLR-Kamera zum perfekten Film-Look in HD und Full HD. 1. Auflage, dpunkt.verlag GmbH, Heidelberg 2010, S. 23f.

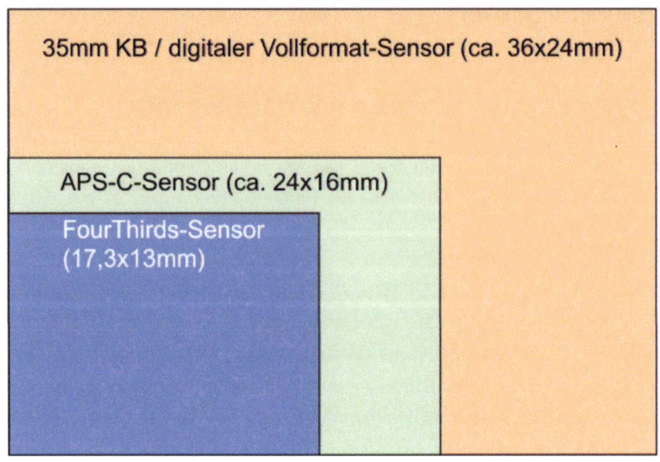

Abbildung 1: Sensorgrößen von DSLR-Kameras im Vergleich

1.2.2 Auswirkung der Sensorgröße auf die Belichtung

Bei den im Vergleich zu gebräuchlichen Videokameras wesentlich größeren Sensoren der DSLR-Kameras sind auch die einzelnen Pixel größer, denn die Auflösung (bspw. 1.920 x 1.080 Pixel bei Full HD) bleibt ja bei unterschiedlichen Sensorgrößen trotzdem gleich. Dadurch können mehr Photonen[8] von den einzelnen Elementen aufgenommen werden. Je größer die einfallende Lichtmenge ist, desto weniger muss das Signal verstärkt werden. Aus diesem Grund zeigen größere Sensoren ein geringeres Rauschverhalten, denn bei der Verstärkung des Signalpegels wird auch automatisch das natürliche Rauschen mit verstärkt.

Kameras mit größeren Sensoren sind also besser geeignet für Aufnahmen bei schwacher Beleuchtung. Auch bei höheren ISO-Werten (Angabe für die Lichtempfindlichkeit) sind die Bilder noch rauschfrei oder -arm.[9]

---

[8] Photon: Quant des Lichts; masseloses Teilchen, das die elektromagnetische Wechselwirkung vermittelt: URL: http://de.wiktionary.org/wiki/Photon, Stand 26.12.2012

[9] vgl. Kraus 2010, S. 26

1.2.3 Auswirkung der Sensorgröße auf die Schärfentiefe

Was die videofähigen DSLR-Kameras für den Einsatz als Filmkameras in erster Linie
so attraktiv macht, ist das Schärfentiefe-Verhalten. Durch den großen Sensor kommt
es dem aus dem Kino vertrauten "Film-Look" von 35-mm-Film sehr nahe.[10] Diese Erkenntnis machte auch vor amerikanischen Filmemachern und Kameraleuten, wie Shane Hurlbut, ASC, keinen Halt:

> *"They had Vincent Laforet's film, Reverie, playing up there on a monitor. And I looked
> at that spot, and I thought, 'Whoa, that came from this camera?' And then I put the 5D
> in my hand and a light bulb went off. I knew that this was going to change everything. I
> was all in."[11]*

Durch den großen Sensor wird es möglich, wie beim klassischen Film mit selektiver
Schärfe zu arbeiten. Nur das fokussierte Objekt bildet sich scharf ab, Vorder- und Hintergrund erscheinen unscharf. Mit dem bewussten Einsatz der selektiven Schärfe kann
räumliche Tiefe dargestellt werden. Der Bildgestalter hat die Möglichkeit, den Punkt
festzulegen, auf den die Aufmerksamkeit des Publikums gelenkt werden soll.[12]

Mit der Videofunktion der DSLR-Kameras wird es zum ersten Mal möglich, auch mit
geringen Budget professionelle Videos mit "Film-Look" aufzunehmen. Dieser Look
lässt sich bei Videokameras nur sehr aufwändig, bspw. durch den Einsatz von 35-mm-
Adaptern und ultralichtstarken 35-mm-Filmobjektiven, verwirklichen.

Die Schärfentiefe einer Aufnahme verhält sich umgekehrt zur Größe eines Sensors. Je
kleiner der Sensor, desto größer die Schärfentiefe. Bei extrem kleinen Sensoren im
Amateurfilmbereich kommt es häufig vor, dass das Bild durchgehend von Vorder- bis
Hintergrund scharf abgebildet wird. Dort hat man keine Möglichkeit, mit selektiver
Schärfe Teile einer Szene herauszuheben, was gerade im professionellen Bereich ein
unverzichtbares Gestaltungsmittel ist.[13]

---

[10] vgl. Kraus 2010, S. 26
[11] Lancaster 2010, S. XXI
[12] vgl. Lancaster 2010, S. XXI
[13] vgl. Kraus 2010, S.28

1.3 Filmformate und Bildraten

1.3.1 Digitale Filmformate und Bildauflösung

Die technische Qualität eines digitalen Films wird durch unterschiedliche Parameter bestimmt, wie Auflösung (Anzahl der Bildpunkte bzw. Pixel eines Einzelbildes) und Bildfrequenz (Anzahl der Einzelbilder pro Sekunde), aber auch Datenformat und Datenkomprimierung. Das wird in Kapitel 1.4 noch genauer beschrieben.

Auf die bereits von HD (High Definition) abgelösten Fernsehnormen PAL, NTSC und SECAM soll im Rahmen dieser Arbeit nicht näher eingegangen werden.[14] Ein Vergleich der digitalen Filmformate soll folgende Tabelle bieten:

Bezeichnungen	Breite in Pixel	Höhe in Pixel	Seitenverhältnis	Pixel	Bemerkung
PAL	768	576	4:3	442.368*	Europäisches Fernsehformat, Anzeige nur als Halbbilder mit 288 Zeilen*
NTSC	720	480	3:2	345.600*	Amerikanisches Fernsehformat, Anzeige nur als Halbbilder mit 288 Zeilen*
QVGA	320	240	4:3	76.800	Minivideo-Format bei den ersten Fotokameras
SQ / 360p	480	360	4:3	172.800	
HQ / SD / 480p	640	480	4:3	307.200	SD = Standard Definition, bei Camcordern übliche Bildgrößen
HQ / SD / 480p	852	480	16:9	408.960	SD = Standard Definition, bei Camcordern übliche Bildgrößen
HD / 720p**	1280	720	16:9	921.600	AVCHD Lite-Format
HD / 1080i*	1920	1080	16:9	2.073.600*	Anzeige nur als Halbbilder mit 540 Zeilen*
Full HD / 1080p**	1920	1080	16:9	2.073.600	
2K	2048	1080	>17:9	2.211.840	Professionelle Filmformate
2K	2048	1536	4:3	3.145.728	Professionelle Filmformate
4K	4096	2160	>17:9	8.847.360	Professionelle Filmformate

* siehe hierzu auch im nächsten Abschnitt unter »Zeilensprungverfahren«
** p = Progressive Scan, siehe hierzu im nächsten Abschnitt

Tabelle 1: Digitale Filmformate - Bezeichnungen und Abmessungen

---

[14] vgl. Uhlig, Mathias A.: Manual der Filmkameratechnik. 1. Auflage, Camera Obscura Verlag, Waschow 2007, S. 127

Die Auflösungen von 1.280 x 720 Pixel und 1.920 x 1.080 Pixel werden als HD bzw. Full-HD bezeichnet. Die derzeit bei DSLR-Kameras möglichen maximalen Bildformate entsprechen meist den beiden Normen 720p und 1080p.[15]

1.3.2 Filmwiedergabe im Vollbildverfahren

Um störendes Bildflimmern zu minimieren, wurden beim PAL-Verfahren 50 Halbbilder pro Sekunde vorgeführt (Interlaced-Verfahren).[16] Bei modernen Flachbildschirmen lassen sich die einzelnen Bildpunkte direkt ansprechen und das Bild muss nicht mehr zeilenweise aufgebaut werden. Vollbilder können nun unmittelbar angezeigt werden. Das wird als Vollbildverfahren oder Progressive Scan bezeichnet. Ähnlich wie bei der Kinovorführung erscheint jedes Bild zweimal, um die Bildfrequenz zu erhöhen und so das Bildflimmern zu reduzieren.[17]

1.3.3 Bildraten bei DSLR-Kameras

Filmsequenzen, die mit digitalen Spiegelreflexkameras aufgezeichnet werden, bestehen aus Vollbildern und ähneln sich daher mehr dem Kino- als dem Videofilm. Übliche Bildraten sind derzeit 20, 24 und 30 Bilder pro Sekunde, bei manchen DSLRs, z.B. der Canon EOS 7D, besteht jedoch schon die Möglichkeit, bei Full-HD-Auflösung Sequenzen mit eine Bildrate von bis zu 60 Bildern pro Sekunde aufzuzeichnen. Mit solchen Bildraten lassen sich sogar Zeitlupenaufnahmen realisieren.

Die maximal möglichen Bildraten bei DSLRs hängen von der Anzahl der Auslesekanäle des Sensors ab. Je mehr Auslesekanäle ein Sensor hat, desto schneller können die Bilddaten ausgelesen werden, weil die Kanäle parallel arbeiten. Doch die Anzahl der Auslesekanäle macht sich auch im Preis der Kamera bemerkbar. Um bspw. eine Bildfrequenz von 60 Bildern pro Sekunde bei Full-HD zu ermöglichen, braucht der Sensor mindestens vier Auslesekanäle. So viele Kanäle sind derzeit nur bei den teuersten DSLR-Kameras verbaut.[18]

---

[15] vgl. Kraus 2010, S. 7ff.
[16] vgl. Uhlig 2007, S. 128
[17] vgl. Kraus 2010, S. 15f.
[18] vg. Kraus 2010, S. 16f.

1.4 Datenformate und Komprimierung

1.4.1 Videocodecs

Digitale Videoaufnahmen bringen sehr hohe Datenmengen hervor. Aus diesem Grund werden die Videosignale mit sogenannten Codecs[19] komprimiert. Bei der Datenreduktion muss der Kompromiss zwischen größtmöglicher Qualität des Signals und kleinstmöglicher Datenmenge gelingen. Unter Codierung versteht man den Vorgang der Digitalisierung, bei dem Bilder in Daten bzw. Zahlen umgewandelt werden.[20]

Abbildung 2: Funktionsweise eines Kodier-Dekodier-Systems

Bei der Datenreduktion werden irrelevante Daten vermindert. Wenn sich bspw. von einem Bild auf das nächste bestimmte Teile des Bildes nicht verändern, müssen nicht immer die vollständigen Daten des gesamten Bildes übertragen werden, sondern nur die Veränderungen. Des weiteren kann eine Reduktion durch Minderung der Bildauflösung realisiert werden.[21]

Für die Datenreduktion gibt es Codecs mit unterschiedlichen Methoden. In dieser Arbeit wird kurz auf zwei der momentan gebräuchlichsten Codecs eingegangen, den MPEG-4 AVC (oder H.264) und den Motion-JPEG, kurz MJPEG. Diese beiden Codecs verwenden jedoch grundverschiedene Methoden bei der Verarbeitung der Filmdaten.[22]

---

[19] Das Wort "Codec" setzt sich aus den englischen Begriffen "Encoder" (Verschlüsseler) und "Decoder" (Entschlüsseler) zusammen: Kraus 2010, S. 18

[20] vgl. Uhlig 2007, S. 141f.

[21] vgl. SCHMIDT Ulrich: Digitale Film- und Videotechnik. 2. Auflage, Carl Hanser Verlag, München 2008, S. 120

[22] Kraus 2010, S. 19

Der MPEG-4 AVC gliedert die Aufnahme in kurze Bildreihen. Da sich die Bilder dieser Reihen meist nur geringfügig von einem Bild zum nächsten verändern, wird nur das Anfangsbild der Sequenz, das Schlüsselbild, komplett gespeichert. Bei den folgenden Bildern der Reihe werden nur die Unterschiede ermittelt und behalten. Der Rechenaufwand ist zwar extrem hoch, dafür ist die Videokompression ausgesprochen wirkungsvoll. Die entstandenen Dateien sind klein und haben trotzdem eine gute Qualität.

Beim Motion-JPEG dagegen wird jedes Einzelbild der Sequenz komprimiert und als JPEG-Bild gespeichert. Der Vorteil dieses Verfahrens ist, dass auf jedes Einzelbild zugegriffen werden kann. Bei MPEG ist das nur bei den Schüsselbildern möglich, was jedoch bei den heutigen Schnittprogrammen auch kein Problem mehr darstellt. Die mit MJPEG gespeicherten Dateien werden dafür größer als bei MPEG.[23]

1.4.2 Containerformate

Nach der Datenreduktion werden die komprimierten Filmdateien in einem AV-Container[24] gespeichert. Dort können Bild-, Audiodaten und je nach Containerformat noch weitere Informationen, bspw. Untertitel und Menüstrukturen aufbewahrt werden. Zwei aktuelle Containerformate sind Audio Video Interleave (AVI) und QuickTimeMovie (MOV).

AVI wurde von Microsoft entwickelt und ist schon etwas älter, jedoch nach wie vor weit verbreitet. Es kann mehrere Video- und Audiospuren aufnehmen, welche unabhängig voneinander komprimiert sein können.

MOV ist ein Containerformat von Apple. Es ist äußerst flexibel, robust und lässt sich gut erweitern. Auf diesem Grund wird es bevorzugt in der professionellen Film- und Postproduktion verwendet. In diesem Containerformat können Mediendaten wie Video, Audio, Untertitel, aber auch Timecodes, Kapitelmarken etc. transportiert werden. Dateien, die mit MPEG-4 komprimiert wurden, sind kompatibel mit MOV.[25]

---

[23] Kraus 2010, S. 19f.
[24] AV steht hier für Audio/Video
[25] Kraus 2010, S. 20

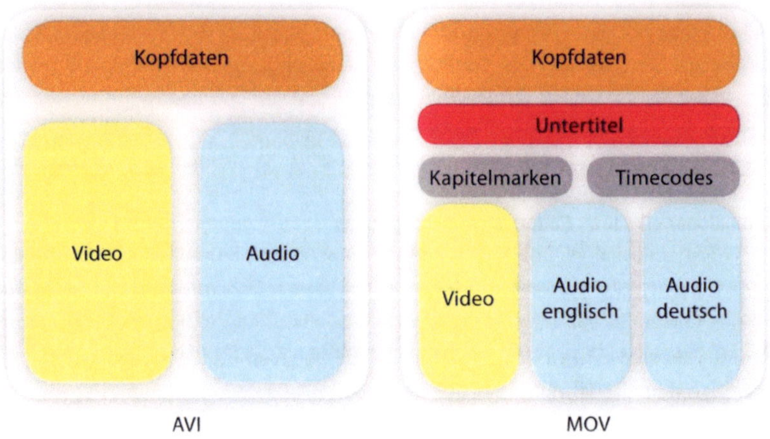

Abbildung 3: Die Containerformate AVI und MOV

1.4.3 Speichermedien

Im Bereich der digitalen Spiegelreflexkameras haben sich im Wesentlichen zwei Spei-
chermedien durchgesetzt: die SD-Karten und die CompactFlash-Karten. Die kleineren
Consumer-Kameras nutzen in der Regel SD-Karten für die Aufzeichnung und Speiche-
rung der Daten, während die DSLR-Kameras im professionelleren Bereich meist Com-
pactFlash-Karten verwenden. Inzwischen gibt es sogar Kameras, die über beide
Speicherkartenfächer verfügen. Der Vorteil gegenüber Festplatten oder CD-
Laufwerken ist die Unempfindlichkeit der Karten, denn sie haben keine beweglichen
Teile verbaut und sind daher äußerst resistent gegen Erschütterungen.

Die Karten unterscheiden sich hinsichtlich der Schreib- und Lesegeschwindigkeit. Eine
hohe Schreibgeschwindigkeit ist gerade beim Aufzeichnen von Filmsequenzen sehr
wichtig, sonst bricht die Kamera die Aufnahme ab. Die meisten Kameras begrenzen
auch die Aufzeichnung auf eine bestimmte Dauer oder fixe Dateigröße. Für HD-
Aufnahmen werden daher Speichermedien mit hohen Datentransferraten benötigt.[26]

---

[26] vgl. Kraus 2010, S. 21f.

2   Die Videotechnik der Canon EOS 7D

2.1   Der Sensor der EOS 7D

Die Canon EOS 7D verfügt über einen CMOS-Sensor (Complementary Metal Oxide Semiconductor). Die zweite weit verbreitete Herstellungstechnik für Sensoren ist die des CCD-Sensors (Charge-Coupled Device). Die unterschiedlichen Ausleseverfahren dieser zwei Sensor-Arten finden sich in den Anlagen.

2.1.1 Der CMOS-Bildsensor

Mit einer Auflösung von 17,9 Megapixeln ist die Canon EOS 7D Spitzenreiter beim APS-C-Format. Um diese riesige Pixelanzahl auf dem 14,9 x 22,3 mm großen Sensor unterzubringen, mussten die Fotodioden auf 4,3 µm verkleinert werden. Die Schaltkreise um die Pixel wurden ebenfalls geschrumpft, um das Problem einer geringeren Lichtausbeute zu verringern. Des weiteren wurden die Mikrolinsen auf der Sensoroberfläche näher an die Halbleiterdioden herangerückt. Dadurch konnte die Lichtausbeute trotz kleinerer Pixel optimiert und die Gefahr eines übermäßigen Bildrauschens verringert werden.[27]

Mit der EOS 7D besteht auch die Möglichkeit, aus der hohen Auflösung mittels einer Nachverkleinerung den ISO-Rauschpegel abzusenken und so zu einer subjektiv höhere Auflösung zu gelangen.[28]

2.1.2 Antialiasing und Bayer-Maske

Eine komplexe Filter- und Deckglasschicht liegt über dem Bildsensor. Das polarisierte, dichroitische[29] Spiegelglas sorgt dafür, dass Infrarot-Licht ausgesperrt wird. Ein nachgelagerter Antialiasing- und Tiefpassfilter verhindert Artefakte wie Treppenstufen, die schräge Konturen umgeben, sowie weitere optische Störfaktoren.[30]

---

[27] vgl. Gross 2010, S. 39f.

[28] vgl. Gross 2010, S. 13

[29] dichroitisch: in verschiedenen Richtungen zwei Farben zeigend. URL: http://www.duden.de/rechtschrei bung/dichroitisch, Stand 27.12.2012

[30] vgl. Gross 2010, S. 40

Die Fotodioden des Sensors können keine Farben, sondern nur Helligkeitswerte erfassen. Aus diesem Grund befindet sich auf der Sensoroberfläche ein Farbmuster, das Bayer-Pattern, auch Bayer-Maske genannt. Mit der Hilfe dieses Mosaikfilters werden die Farbauszüge gewonnen. Vor jedem Sensorpixel liegt ein Filter für die wellenlängenabhängige Übertragung der RGB-Farbanteile. Der Grün-Anteil wird doppelt verwendet, weil dieser am stärksten im Schwarz-Weiß-Anteil auftritt und deshalb am ausschlaggebendsten für den Schärfeeindruck ist.[31]

2.1.3 Bildprozessoren

Die elektrische Ladung des CMOS-Sensors der 7D lässt sich direkt auslesen. Das ist bei CCD-Sensoren nicht möglich. Für die Verarbeitung stehen der 7D gleich zwei DIGIC-4-Bildprozessoren zur Verfügung. Diese sind parallel geschaltet und können statt vier sogar acht Kanäle verarbeiten. Aus diesem Grund ist bei der 7D die hohe Serienbildgeschwindigkeit von 8 Raw-Bildern pro Sekunde möglich.

Laut Canon hat die 7D im Vergleich zur 50D eine um den Faktor 1,3 höhere Transfergeschwindigkeit, denn die 50D arbeitet nur mit einem DIGIC-4-Prozessor. Die erhöhte Rechenleistung macht sich auch in höheren ISO-Werten bemerkbar, denn so sind komplexere Rechenvorgänge möglich, welche Helligkeits- und Farbrauschen im Bildmaterial verringern. Durch die neuen DIGIC-4-Prozessoren werden des weiteren schnellere UDMA-Speicherkarten mit dem derzeit schnellsten Mode 6, CF-Karten mit bis zu 600-facher Geschwindigkeit, unterstützt.[32]

2.1.4 Bildfehler bei CMOS-Sensoren

Bei CMOS-Sensoren erfolgt das Auslesen der Ladungszustände des Sensors zeilenweise. Bei diesem sogenannten Rolling-Shutter-Verfahren können ausgelesene Zeilen unmittelbar für weitere Aufzeichnungen zu Verfügung stehen. Bei schnellen Bewegungen oder Kameraschwenks kann es deshalb zum Rolling-Shutter-Effekt kommen. Dieser äußert sich durch trapezförmige Verzerrung, wenn die Kamera schnell von links nach rechts geschwenkt wird oder sich ein Objekt schnell horizontal durch das Bildfeld bewegt. Der Grund ist, dass sich in der Zeit, die zum zeilenweisen Auslesen des Sensors gebraucht wird, das gefilmte Objekt bereits weiter bewegt hat. Das heißt, die oberen Zeilen zeigen eine andere Position des Objekts als die unteren Zeilen. Auch in

---

[31] vgl. Ulrich 2008, S. 189
[32] vgl. Gross 2010, S. 41f.

besonderen Fällen, wie bspw. bei schnell rotierenden Ventilator-Blättern, wird der Rolling-Shutter-Effekt deutlich, da sich die Blätter zu verkrümmen scheinen.

Der Rolling-Shutter-Effekt kommt jedoch nicht nur bei DSLR-Kameras vor, sondern auch bei professionellen Videokameras. Wenn man mit Kameras arbeitet, die einen CMOS-Sensor haben, sollte man schnelle Schwenks oder Bewegungen eines Objekts durch das Bildfeld vermeiden.[33]

2.2 Film-Modus

2.2.1 Auflösung und Bildraten

Der Videomodus der Canon EOS 7D nutzt den kompletten CMOS-Bildsensor, konvertiert aber mithilfe des dualen Bildprozessors DIGIG-4 in Echtzeit in die kleineren Videoformate Full HD (1.920 x 1.080), HD (1.280 x 720) und SD-Video (640 x 480).[34]

Die Bildrate in Full HD kann im Videomodus, je nach Fernsehnorm, auf 30 und 24 Bildern pro Sekunde (NTSC) oder auf 25 und 24 Bildern pro Sekunde (PAL) festgelegt werden. Bei der kleineren HD Auflösung, 1.280 x 720 werden bei der Einstellung PAL 50 Bilder, bei NTSC 60 Bilder pro Sekunde aufgezeichnet. Dieselbe Bildrate steht beim SD-Video-Format zur Verfügung.[35]

Bei allen Auflösungs- und Bildrateneinstellungen wird nicht interlaced, sondern progressiv aufgenommen. Ein Videofilm, in dem gemischte Einstellungen mit 50 und 60 Bildern pro Sekunde verwendet wurden, kann im selben Projekt problemlos ins Flash-Format konvertiert werden, ohne dass wahrnehmbare Tonschwankungen auftreten. Diese stellen besonders beim Konvertieren von Kinofilmen (24 Bilder) in die PAL-Fernsehnorm (25 Bilder) ein Problem dar.

Wenn die Videofunktion als extrem schneller Serienbildmodus genutzt werden soll, um dann Einzelbilder entnehmen zu können, empfiehlt es sich, das NTSC-Format mit 60

---

[33] vgl. Kraus 2010, S. 33
[34] vgl. Gross 2010, S. 43
[35] vgl. Gross 2010, S. 262

Bildern dem PAL-Format vorzuziehen. Das gleiche gilt bei Full HD für 30 statt 25 Bilder.[36]

In manchen Situationen kann es auch von Vorteil sein, sich für eine geringere Bildgröße zu entscheiden und dafür die höhere Bildrate zu nutzen, statt der vollen Auflösung, der dafür eine niedrigere Bildrate zur Verfügung steht. Je nach Filmmotiv, bspw. bei schnell bewegten Objekten, ist man mit der kleineren Auflösung besser beraten, denn ein Film ohne Ruckeln in normaler HD-Auflösung wirkt natürlicher und professioneller als ein leicht ruckelnder Film in Full HD.[37]

2.2.2 Filmformat und Tonaufzeichnung

Die Canon EOS 7D verwendet das von Apple entwickelte H.264-MOV-Format (MPEG-4 AVC). Mehr Informationen über diesen Codec wurden bereits in Kapitel 1.4 aufgezeigt. Mit diesem Format wird eine rund 12-fache Kompressionsrate erzielt. Ohne die Kompression würde ein Einzelbild von 1.920 x 1.080 Pixeln 2 Megabyte an Speicherplatz benötigen. Das wären bei 30 Bildern pro Sekunde ein Datenvolumen von 60 Megabyte. Dies entspricht einer Datenrate, die derzeit nur mit schnellen UDMA-fähigen CF-Karten mit maximal 90 Megabyte pro Sekunde übertragen werden kann. Durch die Kompression werden jedoch nur 5,5 Megabyte für das oben beschriebene Format benötigt. Diese bedeutend kleinere Datenrate kann auch noch mit relativ langsamen CF-Karten bewältigt werden.[38]

Zusätzlich zum Bild wird mit dem internen Mikrofon eine Tonspur in professioneller 16-Bit PCM Qualität aufgezeichnet. Leider ist die Aufnahme nur in Mono möglich, deshalb ist es durchaus sinnvoll, ein externes Mikrofon über die 3,5 mm Buchse der 7D anzuschließen. So können auch Störgeräusche wie bspw. das Summen eines aktivierten Bildstabilisators oder Knackgeräusche, welche durch mechanische Reibung beim Verstellen diverser Parameter am Objektiv entstehen, besser minimiert werden. Das interne Mikrofon zeichnet einen oft unterschätzten, klaren und noch recht obertonreichen Klang auf. Trotzdem empfiehlt es sich, externe Mikrofone zu verwenden, da diese räumlich von der Kamera getrennt sind und eine geringere Verhallung aufweisen.[39] Externe Mikrofone und Adapter werden in Kapitel 3.2.5. noch genauer beschrieben.

---

[36] vgl. Gross 2010, S. 253
[37] vgl. Kraus 2010, S. 17
[38] vgl. Gross 2010, S. 44f.
[39] vgl. Gross 2010, S. 262f.

2.2.3 Farbsampling

Die EOS 7D nutzt für die Farbabtastung das YUV 4:2:0-Verfahren und eine Farbtiefe von 8-Bit.[40] (Siehe Farbtiefen-Tabelle in den Anlagen.) Mit der Zahlenfolge 4:2:0 wird das Verhältnis der Abtastraten beschrieben, mit denen das Helligkeitssignal und die Farbdifferenzsignale einer Bildzeile digitalisiert werden.[41]

Beim 4:2:0-Format ist die vertikale Farbauflösung reduziert, da die Farbdifferenzsignale zeilenweise abwechselnd und nicht in jeder Zeile gleichzeitig übertragen werden. Die jeweils fehlende Farbdifferenzkomponente muss beim Empfangen aus der Zeile davor übernommen werden.[42]

Bei der 7D funktioniert die 4:2:0-Abtastung sogar noch etwas anders. Dort enthält jedes Pixel die Luminanzwerte und jedes zweite Pixel jeder zweiten Zeile verfügt über zwei Chroma-Werte. Dies wird in Abbildung 4 dargestellt. Hochwertige Camcorder verwenden oft ein höheres Sampling, wie 4:4:4 oder 4:2:2. Dies ist gerade im Bereich von Greenscreen-Aufnahmen von Vorteil, wenn Chroma-Keying vorgenommen werden muss. Trotzdem ist auch mit der 7D ein durchaus sauberes Keying möglich.[43]

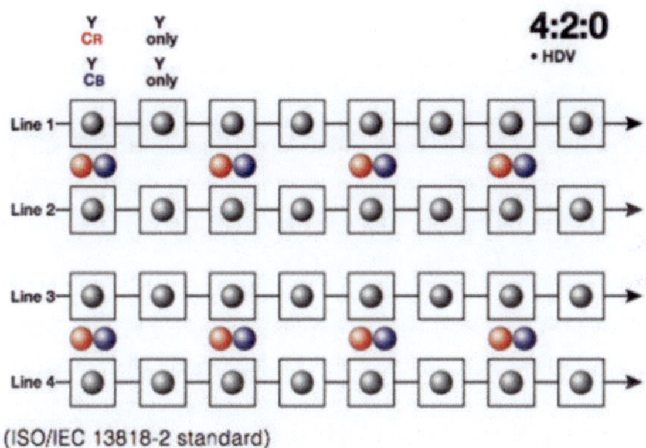

Abbildung 4: Das 4:2:0-Abtastverfahren der EOS 7D

---

[40] vgl. Gross 2010, S. 44
[41] vgl. Uhlig 2007, S. 143
[42] vgl. Schmidt 2008, S. 112
[43] vgl. Gross 2010, S. 44

2.3   Beeinflussung der Videoparameter

2.3.1 Fokussierung

Der EOS 7D stehen für die Autofokussierung 19 Kreuzsensoren zur Verfügung. Diese zeichnen sich durch die gleichzeitige Empfindlichkeit für horizontale als auch vertikale Kontraste aus.[44]

Verwendet man den Video-Modus, so lässt sich nur die Autofokus-Betriebsart Live-AF verwenden. Ein wesentlicher Unterschied zur Live View besteht darin, dass im Video-Modus nicht mehr mit halb durchgedrücktem Auslöser scharf gestellt werden kann. Der Autofokus, welcher kontrastbasiert arbeitet, pumpt dabei vor und zurück, bis er einen geeigneten Punkt findet, um darauf scharf zu stellen. Das Pumpen wird dabei während der Aufnahme mit aufgezeichnet. Das wirkt äußerst störend und kann auch Fehlfarben und Belichtungsvarianzen hervorrufen. Dies geschieht, weil über das AF-Feld im Live-AF-Betrieb auch die Helligkeit gemessen wird und das kleine Feld andere Helligkeitswerte ermitteln kann, als über den vollen Screen.[45]

Ein Autofokusbetrieb, der die Schärfe ohne Unterbrechung mitzieht, ist im Video-Modus der 7D nicht möglich, denn die phasendetektierenden Autofokussensoren, die für eine kontinuierliche Schärfenachführung unverzichtbar sind, befinden sich im Gehäuse und werden nur dann aktiv, wenn der eingebaute Schwingspiegel nach unten geklappt ist. Genau das ist jedoch beim Video-Modus nicht der Fall, denn dort muss der Spiegel permanent nach oben geklappt sein, um eine durchgehende Aufnahme ohne Unterbrechung zu ermöglichen. Deshalb kann weder die AF-Betriebsart AI Servo noch der Quick-AF der EOS 7D verwendet werden.

Um diese Probleme zu vermeiden, ziehen professionelle Filmer die Schärfe manuell nach. So kann gewährleistet werden, dass sich die Automatik nicht negativ auf das Bild auswirkt. Es ist leider nicht möglich, während der laufenden Videoaufnahme in das Bild ein zu zoomen, um die Schärfe besser beurteilen zu können. Als Alternative dazu besteht die Option, die 10-fach vergrößernde Lupe vor der Videoaufzeichnung im Livebild zu nutzen.[46]

---

[44] vgl. Gross 2010, S. 45
[45] vgl. Gross 2010, S. 154
[46] vgl. Gross 2010, S. 267

2.3.2 Blendensteuerung und Belichtungsmessung

Um im Film-Modus Blendensprünge zu vermeiden, sollte man das Programm M der EOS 7D nutzen. Dort kann die Blende manuell gewählt werden. Diese bleibt auch bei wechselnden Lichtverhältnissen konstant. Denn durch unterschiedliche Blenden entstehen Schärfentiefesprünge, welche im Video meistens unangenehm auffallen.

Die Blende kann auch während der laufenden Aufzeichnung verändert werden, um bspw. die Schärfentiefe zu verringern oder erhöhen. Im Programm M wird dann das Video heller bzw. dunkler, denn die übrigen Werte, Zeit und ISO-Zahl, verändern sich nicht. Möchte man eine konstante Helligkeit, die trotz Verändern der Blende gleich bleibt, kann die Einstellung auf Auto-ISO helfen. Dies ist allerdings nicht empfehlenswert, da es bei einer Blendenverstellung zu einem Flackern im Video kommt. Grundsätzlich sollten Werteänderungen, die bei laufender Aufzeichnung getätigt werden, vermieden werden.[47]

Als Belichtungsmess-Methode kommt im Video-Modus die mittenbetonte Integralmessung zum Tragen. Dort bekommt (mit Ausnahme bei Einstellungen in Programm M) die Bildmitte eine verstärkte Gewichtung, welche zu den Seitenrändern hin abnimmt.

Um Helligkeitsschwankungen zu vermeiden, die durch Kameraschwenks oder bewegte Objekte, die die Messung beeinflussen, entstehen, kann im Vorfeld die Sterntaste gedrückt werden. Dann wird der Anfangsmesswert gespeichert und während der Aufzeichnung beibehalten.

Über die halb durchgedrückte AF-ON-Taste wird während der Videoaufnahme der Autofokusbetrieb gestartet. Als Messmethode wird anstelle der mittenbetonten Integralmessung die Mehrfeldmessung genutzt. Dort liegt die Gewichtung nicht mehr auf dem Bildzentrum, sondern auf dem Auswahlrahmen. Bei kontrastreichen Motiven können allerdings während des Scharfstellens Helligkeitsschwankungen entstehen, welche auch aufgezeichnet werden. Dieses Problem tritt auch dann auf, wenn der Belichtungsmesswert durch die Sterntaste fixiert wurde oder das Programm M mit festen Einstellungen verwendet wird.[48]

---

[47] vgl. Gross 2010, S. 270
[48] vgl. Gross 2010, S. 66f.

2.3.3 Verschlusszeiten

Bei Filmaufnahmen mit dem Programm M können die Zeitwerte von $^1/_{30}$ bzw. $^1/_{60}$ (HD und SD) bis zu $^1/_{4000}$ Sek. verändert werden. Durch die konstante Aufzeichnungsrate von 30 bzw. 24 Bildern pro Sekunde ist der längste Wert begrenzt. Bei Kameraschwenks oder schnell bewegten Motiven lassen sich bspw. kürzere Zeiten verwenden. Dann werden die Objekte scharf abgebildet. Kürzere Zeiten als $^1/_{125}$ Sek. sind nicht empfehlenswert, da Bewegungen dann unnatürlich wirken und die Bilder zu ruckeln beginnen.[49]

Möchte man allerdings den oft gewünschten "Film-Look" erzeugen, kann es durchaus ratsam sein, längere Belichtungszeiten zu verwenden, um eine filmische Bewegungsunschärfe zu erzeugen und so die gestochene HD-Schärfe etwas zu glätten und weicher zu machen. Als Faustregel gilt, bei der Verschlusszeit das Doppelte der Bildrate einzustellen. Das heißt, bei einer Bildrate von 25 Bildern pro Sekunde beträgt die Verschlusszeit $^1/_{50}$ Sek. Shane Hurlbut, ASC, rät sogar dazu, noch längere Verschlusszeiten zu verwenden, um einen angenehmen Film-Look zu erzeugen.[50]

Kurze Zeiten im Video-Modus eignen sich allerdings sehr gut dazu, um bei schnellen Bewegungsabläufen einzelne, scharfe Bilder entnehmen zu können. Wassertropfen z.B. lassen sich so als Einzelbilder in jeder Phase des Fallens ablichten. Bei so kurzen Zeiten wie $^1/_{4000}$ Sek. benötigt man allerdings genügend helle Lichtquellen und hohe ISO-Werte, damit die einzelnen Bilder des Videos nicht zu dunkel sind.

Auch bspw. beim Fotografieren von Insekten kann es vorteilhaft sein, keine einzelnen Fotos, sondern ein Video aufzunehmen. Das erhöht die Chance, das Insekt in der gewünschten Situation zu erwischen, denn das menschliche Reaktionsvermögen reicht meistens nicht aus, um rechtzeitig den Auslöser zu betätigen. Stattdessen startet man einfach die Videoaufzeichnung und steigert somit die Wahrscheinlichkeit um ein Vielfaches, das Insekt im Flug abzulichten, um dann später ein scharfes Einzelbild aus dem Video entnehmen zu können.[51]

---

[49] vgl. Gross 2010, S. 270
[50] vgl. Lancaster 2010, S. 49f.
[51] vgl. Gross 2010, S. 271

2.3.4 Empfindlichkeit

Die Canon EOS 7D verfügt über einen ISO-Wertbereich von 100 bis 12800. Das ISO-Rauschen steigt graduell an und bleibt bis ISO 3200 relativ gemäßigt (siehe Abbildung 5). Bei großen Ausgabeformaten sollte man keine höheren ISO-Werte verwenden, da dort das Rauschen deutlich erkennbar und störend ist.[52]

Da Rauschen und Wärme eng miteinander in Verbindung stehen, führt die Erwärmung des Bildsensors auch zu einem höheren Rauschpegel. Bei aktivem Live-View-Modus wird die EOS 7D nach einigen Minuten deutlich wärmer. Nach einer Betriebsdauer von etwa 15 Minuten erhöht sich das Rauschen um eine ISO-Stufe. Man sollte das beim Filmen immer vor Augen haben und die Live View unterbrechen, wenn diese nicht gebraucht wird. Das spart Energie und Bildqualität.[53]

Im Video-Modus wird außerhalb des Programms M immer Auto-ISO verwendet. Dort wählt die 7D automatisch einen Wert zwischen ISO 100 und ISO 3200. Im Programm M kann ebenfalls Auto-ISO genutzt werden. Allerdings führt dies zu Helligkeitsschwankungen während der Aufnahme, wenn sich die Lichtverhältnisse oder messtechnisch relevante Motive ändern. Um das zu vermeiden, lässt sich im Programm M ein fixer Wert einstellen.[54]

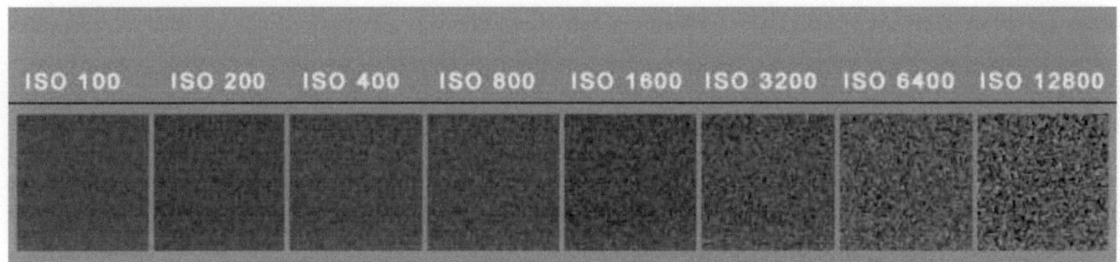

Abbildung 5: Das ISO-Rauschen der EOS 7D

---

[52] vgl. Gross 2010, S. 100
[53] vgl. Gross 2010, S. 104
[54] vgl. Gross 2010, S. 272f.

2.3.5 Weißabgleich

Damit Videoaufnahmen keinen Farbstich erhalten, muss im Vorhinein ein Weißabgleich durchgeführt werden, um die Kamera an die Lichtverhältnisse anzupassen.[55] An der 7D kann dabei zwischen neun Programmen für die unterschiedlichsten Lichtsituationen gewählt werden, z.B. für Aufnahmen bei Sonnenlicht, Licht bei bewölktem Himmel, Kunstlicht etc.

Oft kann es jedoch sehr stressig werden, das Weißabgleichprogramm bei wechselhaftem Wetter ständig anpassen zu müssen. Wenn in der Eile das Umstellen vergessen wird, ist das Resultat ein farbstichiges Bild. Aus diesem Grund empfiehlt es sich, das AWB-Programm (Automatic White Balance) der 7D zu nutzen. Das Programm funktioniert sehr verlässlich, die meisten Aufnahmen bei Tageslicht haben bei Verwendung dieses Programms keinen Farbstich, auch bei Kunstlicht gibt es nur eine minimale Verschiebung in Richtung Rot, was die Bilder jedoch wärmer und freundlicher macht und daher meist nicht als störend empfunden wird.

Es gibt auch Aufnahmesituationen, bei denen die hellste Farbe des Motivs nicht Weiß ist. Dann kann es zu einem Farbstich kommen (siehe Abb. 6). An dieser Stelle empfiehlt sich entweder eines der anderen Programme wie Kunstlicht oder ein manueller Weißabgleich. Dieser ist der exakteste. Für diesen Weißabgleich wird eine weiße Fläche benötigt. Die Fläche sollte bei der Aufnahme mindestens den Kreis im Sucher ausfüllen. Das Bild lässt sich dann im Menü als Referenz festlegen.[56]

Abbildung 6: Vergleich zwischen zwei AWB-Aufnahmen

---

[55] vgl. URL: http://www.filmscanner.info/Farbtemperatur.html, Stand 28.12.2012
[56] vgl. Gross 2010, S. 244ff.

2.3.6 Picture Styles

Im Menü der EOS 7D lassen sich verschiedene Bildstile, sogenannte Picture Styles, auswählen. Damit hat der Anwender die Möglichkeit, bereits in der Kamera verschiedene Parameter zu verändern und den gewünschten Look einzustellen. Als Vorlagen gibt es die Picture Styles *Standard, Portrait, Landschaft, Neutral, Natürlich, Monochrom* und zusätzlich drei, die der Benutzer selbst definieren kann. Die verschiedenen Picture Styles können die Grundlage für unterschiedliche Aufnahmesituationen sein. Beim Picture Style *Standard* ist bspw. eine höhere Bildschärfe eingestellt als beim Picture Style *Portrait*.

Betrachtet man die einzelnen Parameter genauer, fallen keine gravierenden Unterschiede in den Preset-Werten auf. Im Picture Style *Landschaft* ist zwar die siebenstufige Bildschärfe auf 4 voreingestellt, die restlichen drei Parameter für Kontrast, Farbsättigung und Farbton befinden sich jedoch auf 0. Die beiden Picture Styles *Natürlich* und *Neutral* bspw. haben jeweils vier Nullwerte.

Bei der Nutzung der Picture Styles sollte man allerdings vorsichtig sein, denn wenn manche Parameter zu sehr verstellt werden, lässt sich die Bildinformation bei Filmaufnahmen auch in der Nachbearbeitung nicht mehr rekonstruieren. Wenn man bspw. mit dem Bildstil *Monochrom* (schwarz-weiß) aufzeichnet, können die natürlichen Farben nicht mehr wiederhergestellt werden. Im Gegensatz ist es kein Problem, die Farben einer Aufnahme in der Nachbearbeitung zu entsättigen oder ganz zu entfernen. Entspricht das Ergebnis nicht dem gewünschten Look, kann die Bearbeitung stets rückgängig gemacht werden.

Ein anderer Fall stellen RAW-Fotoaufnahmen dar. In den RAW-Dateien bleiben die Bildinformationen vollständig erhalten, selbst bei Monochrom-Aufnahmen. In der Nachbearbeitung hat man also unbegrenzten Zugriff auf alle Parameter. Bei JPEG-Aufnahmen und im Film-Modus ist das jedoch leider nicht möglich.

Picture Styles können nicht nur in der Kamera geändert, sondern auch selbst kreiert und in die Kamera geladen werden. Im Lieferumfang der EOS 7D ist der sogenannte Picture Style Editor enthalten. Die Kamera muss bei der Nutzung mit dem Computer verbunden sein. Dann kann das Programm EOS Utility über Fernaufnahme gestartet werden. Der Editor greift allerdings nur auf 8-Bit und nicht auf die 14-Bit des RAW-Formates zurück. Bei der Erstellung eigener Pictures Styles muss darauf geachtet werden, innerhalb des 8-Bit-Bereichs zu bleiben.

Individuelle Picture Styles können auch aus dem Internet heruntergeladen werden, bspw. von der Seite:

http://web.canon.jp/imaging/picturestyle/file/index.html. [57]

Die Picture Styles lassen sich auch dazu nutzen, den Video-Look zu entkräften und filmähnliche Bilder zu erzielen. Manche Filmemacher empfehlen "flache", also eher kontrastarme Aufnahmen, um in der Nachbearbeitung die meisten Möglichkeiten zu haben. Wenn ein Motiv unter- oder überbelichtet wird, geht in den Schatten bzw. Lichtern Zeichnung verloren, welche auch im Nachhinein nicht mehr rekonstruiert werden kann. Mit dem Histogramm kann kontrolliert werden, ob sich ein Motiv noch innerhalb des Belichtungsumfangs befindet oder nicht.

Ein weiterer, wichtiger Schritt in Richtung Film-Look ist, die Bildschärfe auf 0 zu stellen. Am besten nimmt man als Grundlage für Filmaufnahmen den Picture Style *Neutral*. Ob man nun noch die Sättigung und den Kontrast etwas senkt, bleibt dem Anwender überlassen.

Aufgrund der 8-Bit-Kompression des Videomaterials ist es äußerst wichtig, darauf zu achten, dass die Aufnahme weder unter- noch überbelichtet wird. Besonders bei Überbelichtung ist es sehr schwierig, Zeichnung zurückzugewinnen. Dasselbe gilt für Farbstiche, die sich auf den originalen Aufnahmen befinden. Man kann zwar in der Nachbearbeitung versuchen, die Aufnahme zu korrigieren und dem Farbstich entgegenzuwirken, jedoch wirkt das Ergebnis dann meistens unnatürlich.

Der Kameramann Shane Hurlbut, ASC, weist auch darauf hin, beim Filmen auf ausreichend Licht zu achten, da der Farbraum ansonsten schnell von 8-Bit auf 4-Bit oder sogar nur 2-Bit sinken würde. Das wäre für eine nachträgliche Farbkorrektur unbrauchbar. Ein Weg, die Nachteile der Kompression des H.264 Codecs zu umgehen, ist laut Hurlbut die Erstellung des Looks mithilfe des Picture Style Editors von Canon. Dort kann eine RAW-Aufnahme bearbeitet, in die Kamera geladen und anschließend als Look verwendet werden.[58]

---

[57] vgl. Gross 2010, S. 240f.
[58] vgl. Lancaster 2010, S. 59ff.

3 Vorbereitung und Gestaltung von Naturaufnahmen

3.1 Recherche

Die Beherrschung der Kameratechnik, welche dem Leser in den vorherigen Kapiteln näher gebracht wurde, ist eine wichtige Voraussetzung, damit diese in der Praxis ohne Schwierigkeiten eingesetzt werden kann und man sich voll und ganz auf das Wesentliche konzentrieren kann: Die Gestaltung der Naturaufnahmen.

Doch bevor es möglich ist, die Kamera in die Hand zu nehmen, muss der größte Teil der Arbeit bereits passiert sein. Dieser liegt nämlich in einer gründlichen Recherche. Eine Lebensraumbeschreibung bspw. ist weit mehr als das reine Filmen von Landschaften. In einer Reportage ist die Landschaft der Rahmen, in dem sich eine Geschichte abspielt. Um Sequenzen aufnehmen zu können, die diese Geschichte vermitteln und über lediglich "schöne Landschaftsaufnahmen" hinausgehen, muss man den Lebensraum genau kennen. Deshalb muss zu Beginn umfangreiche Fachliteratur über Ökologie, Flora und Fauna durchgearbeitet werden.[59]

Bei Aufnahmen von Tieren sollte man besonders vorsichtig und sensibel vorgehen. Denn kennt man ihre Verhaltensweisen nicht, zerstört man in den meisten Fällen sehr viel, ohne es überhaupt zu bemerken. Filmt man bspw. ohne Vorkenntnisse ein Vogelnest, so findet man dieses oft am nächsten Tag geplündert vor. Der Grund ist, dass Menschen in der Natur oft Nahrungsreste wie Brotkrumen oder Wurststücke hinterlassen. Deshalb haben Raubtiere wie der Fuchs im Lauf der Jahre gelernt, der Spur eines Menschen zu folgen, um an Nahrung zu gelangen. Fotografen oder Kameraleute, die sich stundenlang vor einem Nest aufhalten, legen solch eine Spur. Deshalb sollte man sich nur ans Filmen von Nestern wagen, wenn man das Verhalten der Tiere sehr genau kennt. Dies gilt natürlich auch für sämtliche andere Situationen.[60]

---

[59] vgl. Dittrich, Bruno: Natur vor der Kamera. Fotografieren und Videofilmen wie ein Profi. 1. Auflage, Rasch und Röhring Verlag GmbH, Hamburg 1998, S. 71f.

[60] vgl. Seehafer, Ingo: Naturfotografie. Teil 1. Einführung in die Naturfotografie, 2008, URL: http://www.psd-tutorials.de/tutorials/fotografie/naturfotografie, S. 2f., Stand 29.12.2012

3.2 Ausrüstung

3.2.1 Objektive

Ein großer Vorteil, den DSLR-Kameras gegenüber Videokameras haben, ist die Möglichkeit, Objektive beliebig auswechseln zu können. Diese sind das gestaltgebende Element der Kamera. Bei einer DSLR-Kamera kann, je nach Motiv, das geeignetste Objektiv ausgewählt werden.[61] Gerade im Bereich des Naturfilmens lernt man das durchaus zu schätzen, denn auf den oft langen Wanderungen, die man in Kauf nehmen muss, bevor man zum gewünschten Motiv gelangt, muss die schwere Ausrüstung auf das Nötigste reduziert werden. Denn Kamera, Objektive, Stativ, Pullover, Öljacke etc. können zusammen einiges auf die Waage bringen. Durch die Auswahl der passenden Objektive kann man sich Gewicht sparen und trotzdem die gewünschten Brennweitenbereiche abdecken.[62]

Es gibt Objektive, die besser zum Filmen geeignet sind, als andere. Von Vorteil ist, wenn der Fokusring eines Objektivs gut erreichbar ist. Denn wie schon in Kapitel 2.3.1. beschrieben, muss die Schärfe oft manuell gezogen werden, da sich der Autofokusbetrieb für den Video-Modus weniger eignet. Des weiteren sollte ein Objektiv eine gut ablesbare Fokusskala und einen Anschlag bei Unendlich haben. Das vereinfacht die Bedienung erheblich. Auch Schärfentiefegravuren können sich als nützlich erweisen, denn so bleibt einem das lästige Nachschauen in Schärfentiefetabellen erspart.[63]

Für Filmaufnahmen in der Natur sind in erster Linie Objektive mit Lichtstärke 2.8 geeignet. Notfalls können auch Objektive der Lichtstärke 4 oder maximal 5.6 ausreichen. Trotzdem zeichnen sich Objektive mit Lichtstärke 2.8 wesentlich besser hinsichtlich Leistung und Qualität aus.

Um das Eindringen von Staub in das Gehäuse der Kamera zu verhindern, empfiehlt sich die Verwendung von Objektiven mit einem Gummiring am Objektivanschluss.[64]

---

[61] vgl. Kraus 2010, S. 41
[62] vgl. Dittrich 1998, S. 66
[63] vgl. Kraus 2010, S. 41ff.
[64] vgl. Seehafer, Ingo: Naturfotografie. Teil 2. Equipment, 2008, URL: http://www.psd-tutorials
.de/tutorials/fotografie/naturfotografie, S. 5f., Stand 29.12.2012

Objektive werden je nach Brennweite in unterschiedliche Gruppen unterteilt. Zu den gängigsten zählen kurzbrennweitige Weitwinkelobjektive, Normalobjektive und Teleobjektive mit langer Brennweite. Eine Kombination bieten Zoom-Objektive. Des weiteren spielen auch Makroobjektive eine wichtige Rolle bei Naturaufnahmen. Besondere Effekte lassen sich mit Spezialobjektiven wie Fisheye-, Shift- und Tiltobjektiven ermöglichen.[65]

Eine Auswahl nützlicher Objektive für den Einsatz in der Natur bietet laut Ingo Seehafer folgende Liste:

- 15-30 mm Weitwinkel-Zoom: Damit lassen sich Landschaftsaufnahmen und außergewöhnliche Tieraufnahmen realisieren.

- 60 mm Makro: Eignet sich für Aufnahmen von Pflanzen und -teilen. Mit diesem Objektiv lässt sich ein nahes Herankommen auf engem Raum an das Motiv verwirklichen.

- 100 mm Makro: Ebenfalls nutzbar für das Ablichten von Pflanzen und größeren Tieren im Makrobereich. Man kommt relativ nah an das Motiv und verscheucht trotzdem nicht alle Kleintiere. Des weiteren lassen sich viele gute Objektive dieser Kategorie auf dem Markt erwerben.

- 200 mm Makro: Mit diesem Objektiv lassen sich Tiere, die einige Zentimeter groß sind, in Ruhe aufnehmen, denn man muss nicht so nah herankommen. Die Chance, dass die Tiere nicht erschrecken, ist somit größer.

- 30-100 mm Zoom: Eignet sich für Aufnahmen von Landschaft und größerer Tiere im Umfeld ihrer Lebensräume. Eine Bildstabilisierungstechnik ist vorteilhaft.

- 100-300 mm Zoom oder 200-500 mm Zoom: Tiere mittlerer Größe und Landschaften können mit diesem Objektiv gut eingefangen werden. Auch hier empfiehlt sich den Einsatz der Bildstabilisierung.

- 500 mm oder 600 mm Festbrennweite: Objektive mit solch langen Brennweiten sind für Aufnahmen von Tieren unterschiedlichster Größe geeignet.[66]

---

[65] vgl. Kraus 2010, S. 44ff.
[66] vgl. Seehafer 2008, Teil 2, S. 6

Die Wirkung der Brennweite hängt auch immer mit der Größe des Sensors zusammen, wie in Kapitel 1.2.1. beschrieben. Der Cropfaktor der 7D ist beim Filmen in der Natur von Vorteil, da er weiter in den Telebereich vordringt und das Verwenden allzu schwerer Telebrennweiten unnötig wird.[67]

3.2.2 Stative

Ein Stativ erweist sich in den meisten Fällen als unverzichtbares Zubehör. Bei Filmaufnahmen ist ein gutes Stativ sogar noch wichtiger als beim Fotografieren, denn es muss sich auch gut schwenken lassen. Dafür ist ein hochwertiger Stativkopf ausschlaggebend. Für das Stativ selbst muss ein guter Kompromiss aus Stabilität und Transportfähigkeit gefunden werden. Um saubere, ruckelfreie Schwenks durchführen zu können, sollte der Stativkopf über eine Dämpfung verfügen. Gedämpfte Schwenkmechanismen sorgen dafür, dass ein Schwenk langsam beginnen und enden kann.

Außer den herkömmlichen Dreibeinstativen gibt es noch einige weitere, nützliche Vorrichtungen, welche Kameras fixieren und stabilisieren können. Autostative, die sich mit Saugnäpfen an der Lackoberfläche befestigen lassen, können mitunter ruhige Fahrten durch atemberaubende Landschaften verwirklichen.

Steadicams erlauben freie Kamerafahrten auch ohne Autos. Ihre besondere Konstruktion ermöglicht dem Anwender, die Kamera nahezu vollständig vibrationsgedämpft gleiten zu lassen.[68] Allerdings erfordert der Einsatz einer Steadicam viel Übung und wird nicht selten von eigens dafür geschulten Leuten durchgeführt.[69]

Für Naturfilmer unersetzlich ist die Verwendung eines Sand- oder Reis-Sacks. Setzt man die Kamera auf, gelingen verwacklungsfreie Aufnahmen. Des weiteren lässt sich die Kamera perfekt ausrichten.[70] Um unnötiges Gewicht einzusparen, kann auch ein Leinenbeutel unterwegs mit Sand oder Steinen gefüllt und wieder ausgeleert werden. Auch kleine, sogenannte Babystative, erweisen sich nützlich in der Natur. Damit lassen sich z.B. auch sehr kleine Blumen aus seitlicher Perspektive aufnehmen.[71]

---

[67] vgl. Gross 2010, S. 17
[68] vgl. Kraus 2010, S. 55f.
[69] vgl. URL: http://www.regie.de/berufsbilder/steadicam.php, Stand 02.01.2013
[70] vgl. Seehafer 2008, Teil 2, S. 12
[71] vgl. Dittrich 1998, S. 106

3.2.3 Filter

Je nach Aufnahmesituation empfiehlt sich der Einsatz von diversen Filtern. Diese können wie beim Fotografieren in das Filtergewinde des Objektivs geschraubt werden. Des weiteren gibt es bei Verwendung eines Kompendiums dafür passende Filter zum Einschieben. Werden Farbfilter und Farbkorrekturfilter eingesetzt, kann das Licht leicht getönt werden. Auf diese Weise hat man Einfluss auf die Lichtstimmung. Bläuliche Filter erzeugen ein kälteres, orangefarbene ein wärmeres Licht.

Einen unverzichtbaren Filter bei Naturaufnahmen stellt der Polarisationsfilter, kurz Polfilter, dar. Er reduziert Spiegelungen und Reflexionen auf glatten Oberflächen wie z.B. Wasser. Des weiteren erscheinen bei Verwendung eines Polfilters Grüntöne von Pflanzen und der Kontrast zwischen Himmel und Wolken kräftiger und stärker.

Neutraldichtefilter (auch ND-Filter oder Graufilter genannt) sind mit einem neutralen Grau gleichmäßig eingefärbt. Durch ihren Einsatz wird das einfallende Licht reduziert, ohne die Farbwiedergabe zu verfälschen. Das kann bspw. nützlich sein, um ein überbelichtetes Motiv abzudunkeln oder die Belichtungszeit zu verlängern, ohne dabei die Blende schließen und die beabsichtigte Schärfentiefe verändern zu müssen.

Nützlich beim Filmen im Freien sind Verlaufsfilter, wenn der Himmel hell und strukturlos ist und der Vordergrund durch Abblenden zu dunkel würde. Um den Himmel dunkler erscheinen zu lassen, ohne dessen Farbe zu verändern, kann ein Neutralverlaufsfilter genutzt werden. Möchte man einen leuchtend blauen Himmel, erreicht man dies durch den Einsatz eines Blau-Verlaufsfilters, welcher im oberen Bereich leicht blau ist und nach unter hin klar wird.[72]

UV-Filter (oder UV-Sperrfilter) blocken das für das menschliche Auge nicht sichtbare ultraviolettes Licht ab, welches zu einem blauen Farbstich und zu Unschärfe führen kann. In der Praxis werden diese Filter jedoch meist nur noch als Objektivschutz verwendet, da bei modernen Kameras mit Objektiven, welche zahlreiche Linsen beinhalten, die UV-Strahlung durch das Glas bereits gesperrt wird.[73]

---

[72] vgl. Kraus 2010, S. 66f.
[73] vgl. URL: http://www.fotolaborinfo.de/foto/filter.htm#UVFilter, Stand 03.01.2013

3.2.4 Lichtquellen

DSLR-Kameras erweisen sich durch ihre extrem lichtempfindlichen Sensoren in Kombination mit lichtstarken Objektiven äußerst nützlich beim Filmen ohne zusätzliches Licht.[74] Gerade bei Aufnahmen in der Natur ist das ein entscheidender Vorteil, denn dort wird hauptsächlich mit natürlichem Licht gearbeitet.[75] Dennoch ist es in bestimmten Situationen nötig, künstliches Licht einzusetzen oder mit Aufhellern das vorhandene Licht zu lenken.

LED-Filmleuchten haben bspw. den Vorteil, dass sie weniger Wärme entwickeln und deshalb einen geringeren Stromverbrauch aufweisen, als andere Leuchten. Diese können auch über Akku betrieben werden.[76]

Abbildung 7: LED-Filmleuchte

Abbildung 8: Gold- und Silberfolie

Unentbehrlich beim Filmen in der Natur sind Aufheller wie die Gold- oder Silberfolie, in Größen um ca. 30 cm. Diese können auf eine sehr kleine Fläche zusammengefaltet und transportiert werden. Die goldene Farbe bewirkt ein weiches, die silberne ein eher hartes Aufhelllicht. Mit diesen Reflektoren können Motivteile, die im Schatten oder Gegenlicht liegen und deshalb zu dunkel sind, aufgehellt werden.

---

[74] vgl. Kraus 2010, S. 55
[75] vgl. Seehafer 2008, Teil 2, S. 16
[76] vgl. Kraus 2010, S. 54

Ebenfalls sehr nützlich ist die Diffusor-Folie. Damit können Motive abgedeckt werden, damit sie sich nicht im vollen Sonnenlicht befinden. Besonders um die Mittagszeit ist das Licht der Sonne sehr hart, erzeugt hohe Kontraste und weiße, überstrahlte Flächen. Wird die Diffusor-Folie zwischen Sonne und Motiv geschoben, erhält man ein schönes, weiches Licht. Des weiteren können Diffusor-Folien auch zum Aufhellen verwendet werden. Eine praktische Foliengröße liegt hier zwischen 50 und 80 cm.[77]

3.2.5 Audiotechnik

In Kapitel 2.2.2. wurde bereits beschrieben, wie die Canon EOS 7D mit dem internen Mikrofon eine qualitativ hochwertige 16-Bit PCM Tonspur aufzeichnet.[78] Der Einsatz des eingebauten Mikrofons eignet sich dennoch nur bedingt für gute Tonaufnahmen, denn Griffgeräusche oder das Summen von aktiviertem Bildstabilisator bzw. Autofokus sind deutlich zu hören. Ebenso störend wirken Windgeräusche, welche einzelne Aufnahmen durch mangelhaften Windschutz unbrauchbar machen können.[79]

Abhilfe schaffen externe Mikrofone. Diese können geräuschentkoppelt auf dem Blitzschuh der Kamera montiert oder an einem separaten Aufzeichnungsgerät angeschlossen werden. Damit verbessert sich die Tonqualität wesentlich. Allerdings hat man bei Mikrofonen, die direkt mit der Kamera verbunden sind, keine Möglichkeit, Lautstärke und Dynamik zu beeinflussen. Dies ist nur bei der separaten Tonaufzeichnung realisierbar. Allerdings braucht man dort meist nicht nur die entsprechende Ausrüstung, sondern auch einen zusätzlichen Verantwortlichen für den Ton.[80]

Ein guter Kompromiss stellt der Einsatz von regelbaren XLR-Adaptern dar. Diese lassen sich unter dem Stativanschluss der DSLR-Kamera montieren und über eine 3,5mm-Klinke mit dieser verbinden. Auf diese Weise können auch hochwertige Mikrofone mit XLR-Anschluss genutzt werden. Des weiteren ist der Adapter mit einem Pegelregler, einer Pegelanzeige und einem regelbaren Kopfhöreranschluss ausgestattet. So können Tonaufzeichnungen mitgehört und kontrolliert werden.

---

[77] vgl. Seehafer 2008, Teil 2, S. 17
[78] vgl. Gross 2010, S. 262f.
[79] vgl. Kraus 2010, S. 58f.
[80] vgl. Kraus 2010, S. 125f.

Bei einigen DSLR-Kameras wird der Pegel durch eine automatische Gain-Regelung in leiser Umgebung hochgeregelt. Dadurch steigt zwar die Empfindlichkeit des Mikrofons, aber auch das Rauschen. In diesem Fall ist die Verwendung des XLR-Adapters ebenfalls vorteilhaft, denn dieser überträgt ein nicht hörbares Signal, simuliert so eine höhere Umgebungslautstärke und sorgt auf diese Weise dafür, dass der Pegel nicht mehr hochgeregelt wird.[81]

Auch bei Mikrofonen gibt es wesentliche Unterschiede, was Bauweise und Richtcharakteristik betrifft. Grundsätzlich lassen sich Mikrofone in die zwei Gruppen Kondensator- und dynamische Mikrofone einteilen. Kondensatormikrofone müssen mit Strom, bspw. durch eine Batterie, versorgt werden. Ihr Klangbild ist im Vergleich zu dynamischen Mikrofonen ausgeglichener und der Frequenzgang größer, dafür sind sie durch ihre hohe Empfindlichkeit anfälliger für Störgeräusche. Dynamische Mikrofone brauchen keinen Strom. Sie sind robuster und eignen sich für den Einsatz in lauten Umgebungen.

Die Richtcharakteristik beschreibt die Empfindlichkeit eines Mikrofons in Abhängigkeit vom Schalleinfallswinkel. Gängige Richtcharakteristiken sind die Kugel, die Acht und die Keule. Diese Begriffe beschreiben die Richtung, aus der in erster Linie der Ton aufgenommen wird, bei der Kugel bspw. aus allen Richtungen gleichermaßen.

Des weiteren gibt es für Mikrofone nützliche Zubehörteile wie Halterungen und Windschutz. Gummigelagerte Halterungen gleichen Erschütterungen des Mikrofons durch die elastische Verbindung zwischen Mikrofon und Kamera aus. Störgeräusche können so minimiert werden.[82]

Beim Filmen in der Natur spielt der Windschutz eine besonders wichtige Rolle. Wer mit Originalton drehen möchte, braucht ein Richtmikrofon mit großvolumigem Windschutz. Auf dicht schließende Kopfhörer zur Kontrolle der Tonqualität sollte ebenfalls nicht verzichtet werden.[83]

---

[81] vgl. Kraus 2010, S. 135f.
[82] vgl. Kraus 2010, S. 126ff.
[83] vgl. Dittrich 1998, S. 91f.

3.2.6 Spezial-Filmausrüstung für DSLR-Kameras

Um die Canon EOS 7D für Filmaufnahmen handlicher zu machen, empfiehlt sich der Einsatz sogenannter Rigs. Diese erleichtern bspw. das manuelle Scharfstellen erheblich und erlauben die Montage von Zubehör an der Kamera.[84] So lässt sich die 7D noch vielseitiger und professioneller als Filmkamera einsetzen.

Beim Filmen wird anstelle einer Streulichtblende ein Kompendium verwendet. Dieses ist variabel und kann auf unterschiedliche Formate, Brennweiten und Blenden eingestellt werden. Des weiteren dient das Kompendium auch als Filterhalterung.

Eine Schärfenzieheinrichtung erleichtert das Verändern des Fokus während einer Filmaufnahme. Am Fokusring des Objektivs wird eine Schärfenzieheinrichtung mit einem Handdrehrad befestigt. Über dieses lässt sich der Fokusring wesentlich feiner und genauer bewegen. Zusätzlich kann die Kamera mit Handgriff und Schulterstütze ausgestattet und während dem Filmen wie eine herkömmliche Filmkamera getragen werden. Des weiteren lassen sich Zusatzgeräte wie externe Monitore etc. problemlos montieren.[85]

3.2.7 Tarn-Ausrüstung

Um erfolgreich scheue Tiere vor die Linse zu bekommen, ist die Nutzung von Tarnhütten, beweglichen Tarnzelten und Tarnumhängen unverzichtbar. In Naturschutzgebieten oder Nationalparks geben Tarnhütten die Möglichkeit, seltene Tiere zu beobachten und abzulichten. Manchmal kann es jedoch sein, dass kein einziges Tier an einer solchen Stelle auftaucht. Dieses Problem lösen Tarnzelte, welche schnell und einfach aufgestellt werden können. Um das Misstrauen der Tiere zu verringern, sollten die Zelte schon einige Tage vorher aufgestellt werden, damit sich die scheuen Naturbewohner daran gewöhnen können. Eine schnelle Variante bieten Tarnumhänge, diese lassen sich schnell überwerfen. Auch Autos bieten sich gut als Verstecke an, da fast alle Tiere Gleichgültigkeit vor diesen zeigen.[86]

---

[84] vgl. Gross 2010, S. 262
[85] vgl. Kraus 2010, S. 64ff.
[86] vgl. SÄNGER Kyra und Christian: Mit der Canon EOS in die Natur. Technik und Fotopraxis. 1. Auflage, Addison-Wesley Verlag, München 2010, S. 66ff.

3.3   Bildkomposition

3.3.1 Wahl der Brennweite

Die perspektivische Darstellung eines Motivs wird in erster Linie vom Standort bestimmt. Trotzdem kann man mit bestimmten Brennweiten Einfluss darauf nehmen. Dies
zeigt sich, wenn Objekte einen unterschiedlichen Abstand zur Kamera haben. Je nach
Brennweite verändert sich das Größenverhältnis der Objekte zueinander. Eine Weit-
winkelaufnahme bewirkt den größten Unterschied. Objekte im Hintergrund werden
klein abgebildet und scheinen weit entfernt zu sein. Mit zunehmender Brennweite ver-
kürzt sich der Abstand zwischen den Objekten, und weiter entfernte Motive werden
größer abgebildet (siehe Abbildungen 10-12).[87]

Dieses optische Gesetz kann man sich bei Naturaufnahmen zu Nutze machen. Beim
Filmen einer Blumenwiese z.B. wirkt der Blütenteppich bei Einsatz eines Teleobjektivs
dichter.[88] Um bspw. eine einzelne Blume abzuheben, kann aber auch der Einsatz eines
Weitwinkelobjektivs eindrucksvolle Ergebnisse erzielen. Da es im Nahbereich groß, in
der Entfernung jedoch wesentlich kleiner abbildet, kann eine Blüte samt Umgebung
gleichzeitig abgelichtet und trotzdem unterschiedlich gewichtet werden, wenn man
ganz nah mit der Kamera an die Pflanze heranrückt.[89]

Abbildung 9: Perspektivische Darstellung zweier Personen,
Brennweite 24 mm, Abstand 2,4 und 7,4 m

---

[87] vgl. Kraus 2010, S. 78ff.
[88] vgl. Dittrich 1998, Bildseite 2 (ab S. 64)
[89] vgl. Dittrich 1998, S. 101

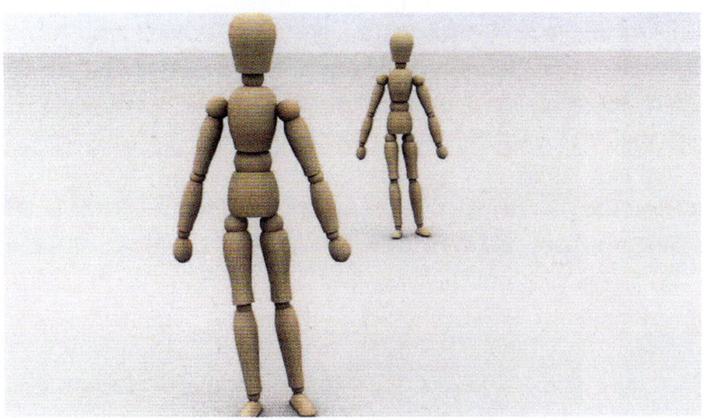

Abbildung 10: Perspektivische Darstellung zweier Personen,
Brennweite 50 mm, Abstand 5 und 10 m

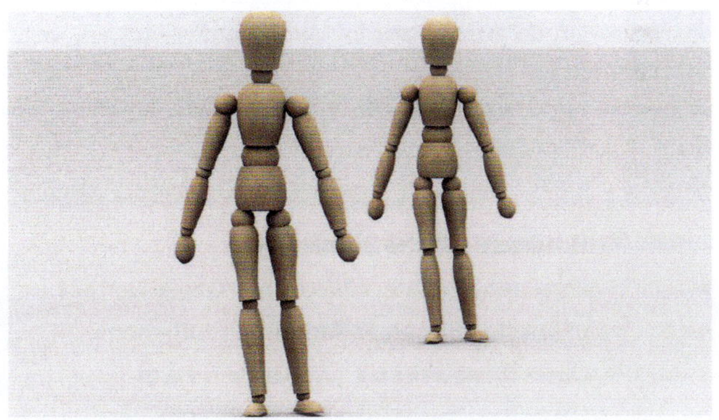

Abbildung 11: Perspektivische Darstellung zweier Personen,
Brennweite 200 mm, Abstand 20 und 25 m

3.3.2 Wahl der Blende und Schärfentiefe

DSLR-Kameras wie die Canon EOS 7D kommen durch ihre großen Sensoren besonders nah an den oft gewünschten "Filmlook" mit geringer Schärfentiefe heran. In der
Natur kann eine geringe Schärfentiefe wirkungsvoll eingesetzt werden, um Hauptmotive klar vom Hintergrund zu trennen und hervorzuheben.[90]

---

[90] vgl. Sänger 2010, S. 38

Trotzdem gibt es bestimmte Situationen, in der sich die Schärfe auch auf größere Distanz im Bild erstrecken sollte, bspw. im Makrobereich, da dort der Schärfentiefebereich stark reduziert und oft nur ein einzelnes Detail wie z.B. ein Insektenauge scharf abgebildet wird.[91]

Durch das Regulieren der Blende wird die Schärfentiefe festgelegt. Die Belichtungseinstellung sollte stets über ISO-Wert oder Belichtungszeit erfolgen, damit die Blende ausschließlich für die Bildgestaltung verwendet werden kann. Das Zusammenspiel von Sensorgröße, Brennweite, Blende und Entfernung legt den Schärfentiefebereich fest.[92]

Des weiteren lässt sich bei jedem Objektiv für jede Blendenöffnung eine Hyperfokusentfernung einstellen. Dann bildet das Objektiv vom Nahpunkt bis Unendlich alles scharf ab. Der Nahpunkt kann je nach Blendenöffnung variieren. Bei kleineren Öffnungen liegt er näher an der Kamera. Wenn bspw. bei Blende 2.8 ein möglichst großer Bereich bis Unendlich scharf abgebildet werden soll, würde man auf einen bedeutenden Teil des möglichen Schärfebereichs im Vordergrund verzichten, wenn man das Objektiv auf Unendlich fokussiert. Bei der hyperfokalen Entfernung reicht der scharf abgebildete Bereich allerdings gerade bis Unendlich und erstreckt sich aus diesem Grund weiter in den Vordergrund.[93]

3.3.3 Bildaufbau und goldener Schnitt

Um in der Natur wirkungsvolle Bilder einfangen zu können, empfiehlt es sich, auf wichtige gestalterische Elemente der Bildsprache zurückzugreifen. Ein Bild setzt sich aus unterschiedlichen Teilen zusammen. Das Zusammenspiel der einzelnen Komponenten ergibt die formale Aussage oder Stimmung einer Szene. Eine Linie bspw. muss nicht unbedingt durchgängig vom oberen bis zum unteren Bildrand reichen, ein Baum kann diese imaginäre Linie andeuten, ohne den oberen Randbereich zu berühren. Auch einzelne Punkte lassen sich zu geometrischen Figuren zusammensetzen, ohne in direkter Verbindung zueinander zu stehen.

---

[91] vgl. Gross 2010, S. 289
[92] vgl. Kraus 2010, S. 82
[93] vgl. Kraus 2010, S. 85f.

Einfache Mittel ziehen die Aufmerksamkeit des Betrachters auf ein Bild bzw. einen Filmausschnitt. Dieser tastet der menschlichen Gewohnheit nach das Bild wie beim Lesen im Zickzack von links oben nach rechts unten ab. Befindet sich jetzt bspw. eine helle Fläche im linken oberen Bildbereich, fordert dies den Betrachter dazu auf, ein Bild anzusehen. Dann muss sich allerdings auch eine Linie aus dieser Fläche entwickeln, welche durchs Bild führt.

Interesse kann bspw. auch durch eine kräftige, dunkle Linie, welche sich aus einer beliebigen Diagonale in Richtung Bildmitte bewegt, geweckt werden. Die daraus hervorgerufene Überraschung verzögert das unbeeinflusste Betrachten und führt dazu, dass man länger beim Bild verweilt. Auch mit dunklen Randpartien wie bspw. bei einem Sonnenuntergang wird dieser Effekt erreicht.

Mathematik bildet fast immer die Grundlage für Bildgestaltung und Bildkomposition. Auch der goldene Schnitt ist aus einer speziellen Flächenteilung abgeleitet.[94] Er beschreibt die Einteilung eines Bildes in Drittel und bietet hilfreiche Anhaltspunkte darüber, wo Hauptmotive und Akzente zu setzen sind, um die größte Wirkung zu erzeugen. Bei der Canon EOS 7D lässt sich im Live-View-Modus ein Netzgitter einblenden, welches der Einteilung nach dem goldenen Schnitt entspricht.[95]

Abbildung 12: Der goldene Schnitt

---

[94] vgl. Dittrich 1998, S. 25ff.
[95] vgl. Sänger 2010, S. 34f.

3.3.4 Punkte, Linien, Flächen

Der Punkt ist in einem Bild das stärkste Gestaltungsmittel. Gemeint sind damit auch kreisförmige Flächen. Ein einzelner Punkt beherrscht das Bild, er kann es aufbauen oder zerstören. Seine Lage wird sofort fixiert, ebenso sein Abstand zu den Bildrändern und -ecken. Liegt ein Punkt im goldenen Schnitt, so unterstützt er die Wirkung der Flächenmengen. Befindet er sich in der Mitte des Bildes, wird er zum allein bestimmenden Element. Zu weit am Rand gesetzte Punkte bringen die Flächen eines Bildes aus dem Gleichgewicht, das kann jedoch auch eine spannende Herausforderung darstellen.

Manche Punkte sind nicht sofort als solche erkennbar. Auch unregelmäßige Flächen können punktförmige Wirkungen hervorrufen. Oft entstehen diese aus Kontrasten. Des weiteren können mehrere Punkte hintereinander auch imaginäre Linien bilden, bspw. ziehende Vögel am Himmel. Störende Punkte wie Steine, die am falschen Platz liegen, oder ungünstig stehende Bäume, können oft nur durch einen Wechsel der Perspektive oder des Ausschnitts umgangen werden. Sind z.B. Tiere auf einer Wiese die bestimmenden Punkte einer Landschaft, muss oft mit Geduld gewartet werden, bis sich eine optimale Konstellation ergibt.

Drei Punkte gemeinsam formen ein Dreieck. Für ein ruhiges, ausgeglichenes Bild müssen die Kanten des Dreiecks schräg zu den vier Bildkanten verlaufen. Steht eine Dreieckseite parallel zu einer Bildkante, kommt Bewegung in das Bild, denn die symbolische Bewegung von der parallelen Kante zur Spitze des Dreiecks beeinflusst die Bewegungsrichtung einer Szene. Dies gilt es in einigen Situationen besonders zu beachten, bspw. beim Schwenken.

Linien treten in der Natur in ihren klassischen Erscheinungsformen - horizontal, vertikal und diagonal - eher selten auf. Oft verlaufen natürliche Linien ungeordnet und verbinden sich zu geometrischen Formen. Diagonale Linien verleihen dem Bild Spannung, jedoch werden horizontale Linien als Ausgleich benötigt. Ebenso vermitteln sie dem Betrachter einen Eindruck der Weite und räumliche Tiefe. Das Gegenteil bewirken vertikale Linien. Sie stellen für das Auge ein Hindernis dar, welches das Eindringen in die Tiefe des Bildes verhindert. Besonders ansprechend wirkt die Kombination einer vertikalen Linie mit einer Diagonalen. Von links unten nach rechts oben laufend wird die Diagonale als angenehm empfunden. Fällt sie von links oben nach rechts unten, ist sie sehr stark und muss durch horizontale und vertikale Linien gebremst werden, da der Betrachter das Bild andernfalls schnell verlässt.

Die freie Linie kommt in der Natur am häufigsten vor. Sie durchzieht das Bild mit unterschiedlicher Stärke und ist gefühlsbetont. Oft verlaufen mehrere Linien parallel zueinander, kreuzen sich und gliedern das Bild in verschiedene Flächen, wie bspw. bei zerklüfteten Felsen. Eine besonders deutliche freie Linie kann ein kahler Baum darstellen. Große Spannung kann erzeugt werden, wenn sich freie mit geraden Linien verbinden.

Die wichtigste Linie einer Landschaft ist der Horizont. Seine Lage im Bild wirkt sich auf den Charakter der Szene aus. Ein tief liegender Horizont beschreibt Ruhe und eine große, optische Weite. Befindet er sich im oberen Teil des Bildes, ist genügend Platz vorhanden, eine Landschaft detailreich darzustellen. Allerdings kann das Bild schwer wirken. Am ungünstigsten für die Platzierung des Horizonts ist in fast allen Fällen die Bildmitte.

Linien, Punkte und Flächen strukturieren eine Landschaft. Erst durch ihre Aufteilung des Raums kann ein interessantes Bild entstehen.[96]

3.4 Farbe und Licht

3.4.1 Wirkung von Farben

In der menschlichen Kultur werden Farben mit spezifischen Gefühlen verbunden. Goethe ordnet die Farben in zwei Gruppen ein, welche er als Plus- und Minusseite bezeichnet. Zur Plusseite gehören Gelb, Rotgelb (Orange) und Gelbrot (Zinnober). Diese Farben werden als lebhaft und strebend empfunden. Im Gegensatz dazu befinden sich auf der Minusseite Blau, Rotblau und Blaurot, welche eine unruhige, weiche und sehnende Stimmung ausdrücken. Eine Übersicht der Farblehre nach Goethe ist in den Anlagen beigefügt.

Gelb in seiner reinen Form hat eine besonders helle und aktive Wirkung. Es führt in einem Bild zu einem heiteren oder sanft reizenden Klima, welches aber auch als behaglich empfunden wird. Vermischt sich das reine Gelb mit einer anderen Farbe, wirkt es schmutzig. Aus diesem Grund ist beim Filmen von gelben Motiven besondere Vorsicht geboten. Wenn gelbe Flächen wie Rapsfelder große Teile des Bildes füllen, empfiehlt es sich, diese möglichst im Rück- oder Seitenlicht ohne Schatten abzulichten.

---

[96] vgl. Dittrich 1998, S. 24ff.

Eine bewusste Unterbelichtung um eine halbe Blende erhöht die Wirkung reiner Farben, weil diese dann stärker gesättigt werden.

In der Natur sind reine Farben allerdings selten zu finden, meistens hat man es mit gemischten Farben zu tun. Orange oder ein warmes, rötliches Gelb lässt ein Bild mächtiger erscheinen und steigert die Energie von diesem. Erhöht sich der Rotanteil, wirkt die Farbe aggressiver. Was Goethe in seiner Farbenlehre dazu beschreibt, könnte auch bei manchen Sonnenuntergängen zutreffen:

"Wie das reine Gelb sehr leicht in das Rotgelbe hinübergeht, so ist die Steigerung dieses letzten ins Gelbrote nicht aufzuhalten. Das angenehme heitre Gefühl, das uns das Rotgelbe noch gewährt, steigert sich bis zum unerträglich Gewaltsamen im hohen Gelbroten."[97]

Im Gegensatz zu Gelb, welches für Helligkeit und Licht steht, wird Blau mit Dunkelheit assoziiert. Goethe ist der Meinung, dass Blau eine besondere Anziehung besitzt, weil es unaufdringlich ist. Andererseits wirkt es auch kalt, distanziert und schattig. Wird Blau mit anderen Farben gemischt, ändert es seinen Charakter sehr schnell. Türkis und Meergrün werden laut Goethe als angenehm empfunden, ebenso ein leicht rotstichiges Blau, welches er als Rotblau bezeichnet. Diese Farbe belebt ein Bild, ist aber nicht so unruhig wie Orange.

In der Mitte des Spektrums befindet sich Rot. Diese Farbe ist sowohl schön als auch gefährlich, denn keine andere weckt so viele unterschiedliche Gefühle, positive wie negative. Es lässt sich schwer einschätzen, welche Wirkung Rot auf den Betrachter ausübt.

Im Gegensatz dazu steht Grün. Es ist die Komplementärfarbe zu Rot und signalisiert Ruhe und Entspannung. Grün vereint die Eigenschaften seiner Mischfarben, die Lebhaftigkeit von Gelb und die Ruhe von Blau, ineinander und verführt zum stundenlangen Betrachten. Wichtig ist jedoch, dass von Grün dominierte Motive nicht langweilig erscheinen. Einfarbige, grüne Flächen sollten deshalb unbedingt interessante Strukturen aufweisen oder grafische Linien, die spannende Akzente setzen.

---

[97] Goethe, Johann Wolfgang v.: URL: http://www.textlog.de/6812.html, Stand 05.01.2013

Gerade in der Natur nimmt die Vielfalt der Farben kein Ende. Das macht eine harmonische Bildgestaltung nicht unbedingt leichter, denn willkürlich zusammengewürfelte Farben überfordern Auge und Gefühl. Der optische Dreisatz von Goethe beschreibt die Kombination der Komplementärfarben miteinander:

Gelb fordert Blaurot, Blau gehört zu Gelbrot und Purpur verlangt nach Grün. Das Ganze gilt natürlich auch umgekehrt. Beachtet man diese Zusammenstellung, gelingt es wesentlich leichter, Harmonie in eine Szene zu bringen.

Trotzdem gibt es keine Regel ohne Ausnahme. Schlussendlich bleibt es dem eigenen Gefühl und der Kreativität überlassen, eine Aufnahme zu gestalten. Dann entstehen meist die interessantesten Bilder.[98]

3.4.2 Gegenlicht

Aufnahmen gegen das Licht (welches in der Natur in erster Linie von der Sonne ausgehen wird) können einem Motiv einen komplett anderen Charakter geben. Wichtig dabei ist, die dunklen Flächen möglichst klein zu halten, oder diese ganz bewusst tiefschwarz als Silhouetten abzulichten. Im Nahbereich können Reflektoren oder Lampen dazu dienen, das Hauptmotiv, beispielsweise eine Blume, aufzuhellen. Besonders in überwiegend grünen Landschaften kann sich das Aufnehmen von Motiven im Gegenlicht als vorteilhaft herausstellen, denn dann kommen unglaublich viele und fein differenzierte grüne Farbnuancen zum Vorschein. Im Rück- oder Seitenlicht besteht bspw. ein Laubwald aus einer einzigen, grünen Masse. Im Gegenlicht jedoch bekommt beinahe jedes einzelne Blatt eine andere Farbe, denn das von oben einfallende Sonnenlicht wird auf seinem Weg nach unten mehrfach durch die Blätter gefiltert und nimmt einen immer grüner werdenden Farbton an. Des weiteren zeichnen sich feine Strukturen wie Zweige und Äste deutlich im Gegenlicht ab. Im Nahbereich sind sogar die einzelnen Nerven eines Blattes zu sehen. Dieser Anblick würde im Rücklicht völlig verborgen bleiben. Auch das Fell von Tieren bekommt im Gegenlicht eine ganz andere Wirkung, denn die einzelnen Haare werden sichtbar. Auch kann durch eine starke Betonung der Silhouette eines Tieres dessen muskulöser Körperbau wesentlich beeindruckender wirken.

---

[98] vgl. Dittrich 1998, S. 40ff.

Das wohl typischste Beispiel für Gegenlicht-Aufnahmen sind Sonnenuntergänge. Dabei sollte allerdings auf Brennweiten und Filter geachtet werden, denn sonst reduzieren sich die Bilder schnell auf schrille, rote Flächen. Je nach Brennweite ändert sich die Größe der Sonne im Bild. Bei einem 25mm-Weitwinkelobjektiv wird sie nicht viel größer als ein Punkt, bei einer Teleaufnahme von 400mm beträgt der Durchmesser der Sonne beim Kleinbildformat 4mm, bei der EOS 7D durch den Cropfaktor sogar noch mehr. Vorteilhaft sind auch Situationen, in denen der Kontrast gemildert wird, z.B. durch Nebel. Auch spezielle Filter können dabei helfen.[99]

Um Kontraste im Bereich der Nahaufnahmen abzuschwächen, ist es sinnvoll, von einem Reflektor Gebrauch zu machen. So kann man trotz schwieriger Lichtverhältnisse zu einem harmonischen Bild kommen, bei der das wichtige Motiv gut durchzeichnet erscheint und die Gegenlichtstimmung dennoch erhalten bleibt.[100]

Abbildung 13: Spannende Lichtstimmung bei einem Sonnenuntergang am bewölkten Himmel

---

[99] vgl. Dittrich 1998, S. 47ff.
[100] vgl. Sänger 2010, S. 46

3.4.3 Rücklicht

Die Sättigung von Farben ist mit Rücklicht am kräftigsten. Verschiedenfarbige Flächen können dabei große Kontraste aufweisen. Diese muss man sich zunutze machen, denn Rücklicht hat eine raumunterdrückende Wirkung. Im Nahbereich können bspw. Schatten hinter dem Motiv durch Veränderung der Perspektive verschoben und zur Darstellung des Raums genutzt werden.

Eine farbige Blüte wirkt durch Rücklicht gleichmäßig. Sie kann vor einen dunklen Hintergrund besonders hervorgehoben werden und einen grafischen Charakter erhalten. Die Reduktion auf schlichte Formen kann zu interessanten Aufnahmen führen.

Möchte man bestimmte Motive, bspw. Baumkronen oder fliegende Vögel, gegen den Himmel filmen, so wirken diese im Gegenlicht nur silhouettenartig. Bei richtiger Belichtung des Motivs ist der umrahmende Himmel überbelichtet und weiß. Belichtet man den Himmel richtig, ist das Motiv wiederum unterbelichtet. Im Rücklicht aufgenommen haben auch noch dunkel gefärbte Vögel eine gute Durchzeichnung und der Himmel behält seine blaue Farbe.

Grüne Pflanzen glänzen im Rücklicht, da sie von einer schützenden Wachsschicht überzogen sind. Um diese ungewünschten Reflexionen zu beseitigen, empfiehlt sich der Einsatz von Polfiltern, wie in Kapitel 3.2.3. näher beschrieben. Der Himmel erhält durch besagten Filter auch ein satteres Blau.

Eine bedeutende Rolle spielt die Tageszeit, in welcher die Aufnahmen gemacht werden. Es ist z.B. davon abzuraten, während den Mittagsstunden zu drehen, denn zu dieser Zeit steht die Sonne fast senkrecht am Himmel und das Oberlicht nimmt der Landschaft jegliche Tiefe und Räumlichkeit. Des weiteren ist der Kontrast zwischen Licht und Schatten so groß, dass die Schatten durch den zu geringen Belichtungsumfang der Kamera nur schwarz und ohne Zeichnung abgelichtet werden können.[101]

---

[101] vgl. Dittrich 1998, S. 55ff.

3.5 Naturaufnahmen

3.5.1 Landschaft

Landschaften zu filmen kann sehr reizvoll sein. Trotzdem sollte man nie vergessen, dass die Kamera anders sieht als das menschliche Auge. In der Natur lassen sich Dinge nicht so einfach arrangieren wie im Studio. Viele Faktoren, wie z.B. Licht können sich schnell ändern. Wind, Wolken und Sonne führen im Freien die Regie. Die verschiedenen, durch Wetter und Tageszeit hervorgerufenen Stimmungen können Eigenschaften von bestimmten Szenerien entweder unterstreichen oder ungünstig auf das Motiv wirken. Diese natürlichen Gestaltungsmittel sollten bewusst einsetzen werden, um besonders stimmungsvolle Landschaftsaufnahmen einzufangen.[102]

Landschaften lassen sich durch Anwendung des goldenen Schnitts interessant darstellen. Auch verschiedene Positionen und Perspektiven sollten dabei berücksichtigt und ausprobiert werden. Ein Positionswechsel kann oft zu überraschenden Ergebnissen führen und der Landschaft einen ganz anderen Charakter verleihen.[103] Eine weitwinklig von oben nach unten aufgenommene Einstellung bspw. betont in erster Linie die Landschaft. Werden aber einzelne Pflanzen von unten gegen einen wolkenverhangenen Himmel gefilmt, entsteht eine völlig andere Aussage.[104]

Der Aspekt der räumlichen Darstellung einer Landschaft ist nicht unerheblich. Es gibt unterschiedliche Möglichkeiten, einem Bild mehr Tiefe zu geben, bspw. durch interessante Motive im Vordergrund, auf welche dann der Fokus gelegt wird. Auch in die Tiefe führende, lineare Elemente, wie Wege, Flüsse etc. sind für diesen Zweck ideal. Bei einer Landschaftsaufnahme wird in den meisten Fällen eine hohe Schärfentiefe gewünscht. Dies erreicht man durch Schließen der Blende.[105]

Ein nützliches Hilfsmittel, welches für einen perfekt waagrechten Horizont sorgt, ist die in der Canon EOS 7D eingebaute Dual-Axis-3D-Wasserwaage, die auf zwei Achsen arbeitet. Es wird sowohl angezeigt, ob die Kamera auf horizontaler Ebene im Wasser ist, als auch die Neigung dieser nach vorne oder hinten.[106]

---

[102] vgl. Dittrich 1998, S. 59
[103] vgl. Sänger 2010, S. 136
[104] vgl. Dittrich 1998, S. 73
[105] vgl. Sänger 2010, S. 136f.
[106] vgl. Gross 2010, S. 20

Je nach Art der Landschaft müssen unterschiedliche Einstellungen an der Kamera vorgenommen werden. Bei der Aufnahme von Wasser z.B. lohnt es sich, mit Verschlusszeiten zu experimentieren. Eine längere Belichtungszeit führt zu einer höheren Bewegungsunschärfe, was z.B. bei einem Wasserfall vorteilhaft sein kann, da das Wasser verwischt und weicher abgebildet wird. Um längere Belichtungszeiten zu realisieren, ohne auf die gewünschte Blende zu verzichten, empfiehlt sich der Einsatz von ND-Filtern.[107]

Ein Schwenk kann ein gutes Stilmittel sein, die Weite einer Landschaft zu unterstreichen. Bei schnellen Schwenks ist jedoch Vorsicht geboten, denn diese können zum Rolling-Shutter-Effekt führen, für welchen der CMOS-Sensor der Canon EOS 7D verantwortlich ist. Dies wurde bereits in Kapitel 2.1.4. näher beschrieben.

Dafür hat man bei der EOS 7D den großen Vorteil, dass kein Blooming-Effekt auftreten kann. Dieser Effekt erscheint bei Kameras mit CCD-Sensoren und äußert sich als "weißes Loch" im Bild, mit senkrecht oder waagrecht verlaufenden Ausstülpungen der Weißfläche. Die weißen Streifen werden häufig auch von farbigen, über große Bereiche des Bildes ausgebreitenden Streifen begleitet. Das kann z.B. bei Aufnahmen der Sonne zu unbrauchbaren Bildern führen, und da die Sonne im Bereich der Landschaftsaufnahmen eine sehr wichtige Rolle spielt, stellt dieser Bildfehler ein großes Problem dar.[108]

3.5.2 Blumen und Pflanzen

In der Natur kommen Pflanzen in allen erdenklichen Formen und Varianten vor, von symmetrischen Blüten bis hin zu bizarren Astverschachtelungen. Den gestalterischen Möglichkeiten sind hier fast keine Grenzen gesetzt.

Es gibt verschiedene Methoden, eine Pflanze im Bezug zu ihrer Umwelt darzustellen und dennoch herauszuheben. Ein Weitwinkelobjektiv bspw. stellt Objekte im Nahbereich groß, in der Entfernung kleiner dar. So können eine Blume und ihre Umgebung in einer Einstellung gezeigt und dennoch unterschiedlich betont werden. Für diese Aufnahme muss man sehr nah an die Pflanze herangehen. Durch starkes Abblenden erzielt man eine hohe Schärfentiefe, welche dann bis zum Horizont reicht. Doch Vorsicht

---

[107] vgl. Sänger 2010, S. 147
[108] vgl. Kraus 2010, S. 33ff.

ist geboten, denn viele Details in einem Bild können eine chaotische Wirkung hervorrufen. Deutliche Flächen, welche sich z.B. durch Licht und Schatten ergeben können, helfen, dies zu vermeiden.

Eine andere Möglichkeit ist, die Blende weit zu öffnen. So nimmt die Schärfe mit zunehmender Entfernung ab. Durch die Abbildungsschärfe des Weitwinkelobjektivs ist die Umgebung noch gut genug erkennbar, das Hauptmotiv setzt sich aber mehr ab. Weitwinkelige Einstellungen drücken immer Nähe und Intimität aus. Diese Wirkung steigert sich, je näher das Motiv an der Kamera ist.[109]

Um einen wirklich unscharfen Hintergrund zu bekommen, müssen Teleobjektive eingesetzt werden. Dies kann bspw. bei der Aufnahme einer Wiesenblume erforderlich sein. In einer Wiese stehen Blütenpflanzen oft dicht beieinander und das Grasgeflecht, welches diese umgibt, sorgt für eine unruhige und chaotische Wirkung. Eine größtmögliche Unschärfe des Hintergrunds erreicht man mit langer Brennweite und offener Blende.[110]

Abbildung 14: Unterschiedliche Blenden bei gleicher Brennweite im Vergleich: f3, f4, f5, f8, f11 und f16

Die Perspektive spielt eine ebenso wichtige Rolle für das Herausheben von Motiven wie die Brennweite und die Blende. Eine gelbe Blume z.B. bekommt eine ganz andere Wirkung, wenn sie nicht vor einem grünen Wiesenhintergrund, sondern vor dem Blau des Himmels aufgenommen wird, was durch einen Perspektivwechsel bewerkstelligt wird. Der Kontrast zwischen Blau und Gelb hebt die Pflanze wesentlich stärker hervor und gibt ihr einen anderen Charakter.[111]

---

[109] vgl. Dittrich 1998, S. 101f.
[110] vgl. Sänger 2010, S. 208
[111] vgl. Sänger 2010, S. 239

Bei Filmaufnahmen gibt es noch eine weitere, nicht zu verachtende Möglichkeit, ein Motiv und seine Umgebung darzustellen: Die Schärfenverlagerung. Durch Verschieben der Schärfenebene kann die Aufmerksamkeit des Betrachters auf unterschiedliche Objekte gelenkt werden. Die Schärfenverlagerung ist ein wirkungsvollen Gestaltungsmittel und kann auf vielseitige Art und Weise eingesetzt werden. Bspw. kann zuerst der Fokus im Hintergrund liegen und eine Wiese mit ihren Blüten als Gesamtes zeigen, und durch eine Verlagerung der Schärfe auf den Vordergrund eine einzelne Blüte klar und detailreich herausheben.[112]

Das Filmen von Pflanzen hat im Gegensatz zu Aufnahmen von Tieren den wesentlichen Vorteil, dass diese einen festen Standpunkt haben und sich der Bildausschnitt deshalb in Ruhe einrichten lässt. Trotzdem können bei der Ablichtung von Pflanzen diverse Schwierigkeiten auftreten.

Blüten mit langen, dünnen Stengeln bewegen sich oft schon beim leisesten Windhauch. Dies macht ein Kadrieren des Bildausschnitts und Einstellen der Schärfe unmöglich. Mit einfachen Hilfsmittel kann jedoch Abhilfe geschaffen werden. Blüten lassen sich z.B. mit einem gegabelten Stock unterhalb des Bildfeldes stützen. Ihre Bewegungen werden dabei auf ein Minimum reduziert. Eine andere Möglichkeit ist, den Wind mit einem Stück Karton abzuschwächen. Ein Karton in weißer Farbe erweist sich als recht nützlich, denn er kann sowohl als Windschutz als auch Reflektor verwendet werden. Vorsicht ist allerdings geboten, wenn der Wind aus Richtung Sonne kommt, denn dann wird der Schatten des Kartons auf die Pflanze geworfen.

Ein bewölkter Himmel eignet sich am besten für Aufnahmen von Blüten. Farben werden in diffusem Licht mit großer Sättigung wiedergegeben und die Kontraste sind nicht zu stark. Doch auch bei einer grellen Mittagssonne können solche Aufnahmen realisiert werden. Ein weißer Regenschirm, welcher über dem Motiv aufgespannt wird, eignet sich wunderbar als Diffusor. Dieser ist unerlässlich, möchte man auch Insekten auf den Blüten ablichten, denn diese sind zum Großteil nur Mittags aktiv.[113]

---

[112] vgl. NERDINGER Winfried: Elemente künstlerischer Gestaltung. Eine Kunstgeschichte in Einzelinterpretation. 1. Auflage, Lurz Verlag, München 1986, S.290
[113] vgl. Dittrich 1998, S. 103ff.

3.5.3 Wald

Aufnahmen im Wald stellen eine besondere Herausforderung dar, denn Licht und Schatten sorgen hier für große Kontraste. Die frühen Morgenstunden eignen sich zu allen Jahreszeiten am besten, stimmungsvolle Bilder einzufangen. Zu dieser Zeit sind Wälder oft von Dunst durchzogen, welcher die Kontraste mindert. Die aufgehende Sonne sorgt mit schräg einfallenden Strahlen für einen Gegensatz zu den senkrechten, bildbeherrschenden Baumstämmen. Das kommt einem bei der Bildgestaltung zugute.

Da die Farben Grün und Braun im Wald dominieren, können Aufnahmen schnell monoton wirken. Auch hier sollten die frühen Stunden ausgenutzt werden. In der morgendlichen Feuchtigkeit strahlen diese Farben kräftiger und lassen sich besser differenzieren.

Eine andere Herausforderung ist das vorhandene Licht. Besonders in natürlich wachsenden Wäldern fällt selbst in hellen Mittagsstunden kaum Licht durch die Baumkronen. In Gebirgswäldern ist es von Vorteil, morgens an Ost- und abends an Westhängen zu filmen. So wird der Sonnenstand bestmöglich genutzt. Ansonsten erweist es sich auch als hilfreich, Motive in Randbereichen wie Waldwegen oder Lichtungen zu suchen, da dort mehr Sonneneinstrahlung möglich und meist auch abwechslungsreichere Vegetation zu finden ist. Vorteilhaft sind Aufnahmen im Frühjahr, denn durch Knospen und kleine Blätter kann das Licht noch nahezu ungehindert bis zum Boden vordringen. Dadurch ist das Licht im Wald hell und gleichmäßig.

Auch bei Aufnahmen im Wald trägt die Perspektive sehr zum Charakter eines Bildes bei. Mit einem Shift-Objektiv können z.B. stürzende Linien vermieden werden. Lauter dunkle, parallel stehende Baumstämme können, im Gegenlicht gefilmt, eine sehr bedrohliche Wirkung ausstrahlen. Ganz anders wiederum erscheinen Bäume, wenn sie mit einer kurzen Brennweite aus einem Blickwinkel von unten nach oben abgelichtet werden. Die Linien der Bäume und Zweige stürzen aus allen Richtungen in die Bildmitte und erzeugen eine besonders grafische Wirkung. Brennweite, Blende, Licht und Perspektive können zu den unterschiedlichsten Abbildungen von ein und demselben Motiv führen. [114]

---

[114] vgl. Dittrich 1998, S. 125ff.

3.5.4 Tiere

Die wahrscheinlich anspruchsvollste Kategorie im Bereich der Naturaufnahmen ist die Ablichtung von Tieren in freier Wildbahn. Es muss bereits viel Recherchearbeit vorausgegangen sein, bevor man diese überhaupt aufspürt. Dann gilt es auch noch, die Tiere bei der gewünschten Aktivität zu erwischen und mit den ständig variierenden und schnellen Bewegungen klarzukommen.

Ein gründliches Auseinandersetzen mit den Verhaltensweisen der Tiere, den Gegebenheiten des Terrains, in welchem sie leben etc. bleibt oft nicht unbelohnt. Papageientaucher bspw. hüpfen von Mai bis Ende Juni auf den Klippen von bestimmten Inseln an der schottischen und norwegischen Küste herum und sind dabei überhaupt nicht scheu. Informiert man sich im Vorhinein gründlich genug, kann man sich lange, kostspielige Suchen nach bestimmten Tieren sparen.[115]

In den meisten Situationen wird man um den Einsatz eines langen Teleobjektives mit 300, 500 oder sogar 600 mm Brennweite nicht herumkommen. Manchmal müssen diese sogar noch mit 1,4fach- oder 2fach-Extendern verlängert werden, um scheue Tiere formatfüllend ablichten zu können. Für Teleobjektive in diesen Größenbereichen ist oft noch zusätzlich ein Schwenkbügel-Stativkopf nötig, um das Gewicht des Objektivs richtig austarieren und ruhige Schwenks ermöglichen zu können.[116]

Hilfreich ist es auch, sich mit den Fluchtdistanzen von Tieren zu beschäftigen. Diese können ganz unterschiedlich sein, selbst innerhalb einer bestimmten Rasse. Tieren, welche bspw. Menschennähe gewohnt sind, wie Eichhörnchen in Stadtparks, kann man sich auf kürzere Distanzen nähern, als ihren im Wald lebenden Artgenossen.[117]

Manchmal braucht es auch die richtige Tarnung. Ein gutes Beispiel dafür ist der Hase, eines der bekanntesten Fluchttiere schlechthin. Es mag verblüffend sein, doch bei diesem scheuen Tier verwendet man am besten ein Auto als Versteck. Es erscheint Hasen als gefahrlos, weil es unnatürlich laut ist und so wie Traktoren und Mähdrescher zum Alltag gehört. Des weiteren überdeckt es den menschlichen Geruch.[118] Natürlich lassen sich auch Tarnzelte und Unterstände benutzen, wie bereits in Kapitel 3.2.7. angesprochen, doch mit diesen ist man natürlich auch nicht so mobil.

---

[115] vgl. Sänger 2010, S. 59
[116] vgl. Sänger 2010, S. 54f.
[117] vgl. Sänger 2010, S. 61
[118] vgl. Dittrich 2010, S. 170f.

Möchte man einem Tier so nah wie möglich kommen, ist Kleidung in gedeckten Farben vorteilhaft. Durch langsames, geräuschloses Anpirschen kann man sich dem Tier nähern und sollte dann ruhig und möglichst gut getarnt ausharren. Oft kommen Tiere aus Neugier auch selber näher.[119]

Die Dämmerung ist die beste Zeit des Tages, um Tiere zu filmen. Dabei spielt es keine Rolle, ob morgens oder abends. Dort sind die meisten Tiere aktiv, sei es um zu fressen oder den Tag einzuläuten oder ausklingen zu lassen. Die Aufwärmphase vieler Tiere lässt sich gut ausnutzen. Nach kalten Nächten brauchen viele tagaktive Tiere eine Weile, um auf Betriebstemperatur zu kommen. In diesem Zustand sind sie meist unaufmerksam und bieten aus diesem Grund leichte und schöne Motive.

Eine andere Situation, in der Tiere mehr mit sich selbst als mit der Umwelt beschäftigt sind, ist die Nahrungsaufnahme. Dann verweilen sie meistens auch relativ ruhig an einem Ort und erleichtern das Einrichten der Kamera und deren Parameter. In trockenen Gegenden können z.B. Wasserlöcher eine ausgezeichnete Möglichkeit darstellen, verschiedene Tierarten vor die Linse zu bekommen. In kalten Gebieten wiederum eignen sich winterliche Futterplätze, die von Förstern für Rehe und Hirsche eingerichtet worden sind, wie bspw. in heimischen Wäldern.

Man kann in begrenztem Maß auch selbst Köder auslegen. Das lässt sich bspw. beim Filmen von Vögeln gut umsetzen. Diese können mit einem Stückchen Brot schnell angelockt werden. Auch im Winter bei der Vogelfütterung mit Meisenknödeln und Futterhäuschen gibt es zahlreiche Motive zu erhaschen.[120]

Die zwei nachfolgenden Abbildungen sind unbearbeitete Ausschnitte aus einem mit der EOS 7D gedrehten Videoclip von mir. Durch Beobachtung unseres Gartens habe ich die Lieblingsplätze der Vögel ausfindig gemacht und meine Kamera davor aufgebaut und eingerichtet. Anschließend startete ich die Aufnahme, entfernte mich und beobachtete das Geschehen mit genügend Abstand. Es dauerte nicht lange, und die Vögel nahmen genau vor der Linse Platz.

---

[119] vgl. Sänger 2010, S. 72
[120] vgl. Sänger 2010, S. 77

Abbildung 15: Eichelhäher im Winter

Abbildung 16: Kohlmeise am Futterhäuschen

Das Ablichten von Wildtieren ist natürlich die Königsdisziplin. Um diese in ihrem natürlichen Lebensraum aufzunehmen, braucht man jedoch sehr viel Zeit und auch die Mittel dazu.

Alternativ dazu bietet sich der Besuch in einem Tierfreigehege an. Die Anlagen sind oft sehr großzügig angelegt und kommen dem Filmen in freier Wildbahn sehr nahe, jedoch mit wesentlich höherer Erfolgsquote. Allerdings hat man hier das ein oder andere Mal damit zu kämpfen, Zäune und Gitter aus dem Bild zu halten. Hier gibt es auch den ein oder anderen Trick. Wenn sich der Zaun bspw. zwischen Kamera und Motiv befindet, kann man diesen optisch auflösen, wenn man sich mit einer offenen Blende möglichst dicht an den Zaun stellt. Schwieriger wird es allerdings, wenn sich der Zaun hinter dem Tier befindet, das man filmen möchte. Oft hilft dann nur ein Perspektivwechsel oder, falls das nicht möglich ist, ausreichend Geduld, bis sich das Tier von selbst für einen Standortwechsel entscheidet.[121]

Da Tiere oft in schneller Bewegung sind, ist es meiner Meinung nach sinnvoller, sich bei der Canon EOS 7D für die Einstellung mit der geringeren Auflösung (1.280 x 720 Pixel) zu entscheiden, und dafür 50 bzw. 60 Bilder pro Sekunde zu Verfügung zu haben, anstatt nur 25 bzw. 30 Bilder/Sek. bei Full HD (1920 x 1080 Pixel).[122] Die Auflösung des Bildes ist trotzdem noch beachtlich und stellt so manchen Camcorder in den Schatten, aber die Bewegungsauflösung ist dafür doppelt so hoch. Dies ist nicht nur bei den flinken Bewegungen von Tieren ein Vorteil, auch Schwenks können schneller ausgeführt werden, ohne zu ruckeln.[123] Des weiteren erhält man bei 50 Bildern in der Sekunde eine Zeitlupe mit 50%, wenn man diese mit 25 Bildern/Sek. wiedergibt.[124] Das kann gerade im Bereich der Tieraufnahmen besonders wirkungsvoll sein.

3.5.5 Makroaufnahmen

Makroaufnahmen spielen im Naturbereich eine besonders große Rolle. Blüten- und Pflanzendetails in allen nur erdenklichen Farben und Formen gibt es in Hülle und Fülle, ebenso wie facettenreiche, winzige Tiere.

---

[121] vgl. Sänger 2010, S. 110ff.
[122] vgl. Gross 2010, S. 262
[123] vgl. Uhlig 2007, S. 128
[124] vgl. Kraus 2010, S. 16f.

Falls man kein Makroobjektiv zur Hand hat, kann man sich auch mit anderen technischen Mitteln helfen. Nahlinsen, auch Vorsatzlinsen genannt, stellen eine einfache Möglichkeit dar, denn sie können auf jedes Objektiv geschraubt werden. Zweilinsige Vorsatzlinsen, sogenannte Achromaten, bieten eine noch bessere Abbildungsqualität.[125]

Zwischenringe oder Balgengeräte werden zwischen dem Objektiv und der Kamera angebracht. Der Vorteil ist, dass bei ihrem Einsatz kein optisches System im Spiel ist. Nachteilhaft ist wiederum, dass jede Verlängerung des Auszugs Licht kostet.[126]

Einige der interessantesten Motive im Makrobereich bietet sicherlich die Welt der Insekten. Dazu muss man meistens nicht weit reisen, oft reicht schon ein Streifzug durch den eigenen Garten. Zahlreiche Krabbler sind dort zuhause und bieten Motive für spannende Bilder. Ganz alltägliche Tiere, wie z.B. Ameisen, wirken durch die Vergrößerung einer Makroaufnahme nahezu majestätisch. Im Frühsommer wird man auch an Gewässern mit hoher Erfolgsquote fündig. Dort geben bspw. Libellen faszinierende Aufnahmen ab. Beim Filmen von Insekten empfiehlt es sich, den Fokus auf das Auge des Tieres zu legen, denn der Mensch ist darauf fixiert, bei Lebewesen als Anhaltspunkt immer zuerst das Auge zu suchen.

Das Betrachten von Pflanzen durch ein Makroobjektiv ist sehr wirkungsvoll, da die kleinen, faszinierenden Details hervorgehoben werden, die sonst so leicht übersehen werden. Hier hat es sich ebenso bewährt, unruhig strukturierte Hintergründe mittels offener Blende durch eine geringe Schärfentiefe verschwinden zu lassen.

Auch im Bereich der Makroaufnahmen spielen die Parameter wie Bildkomposition, Licht, Farbe, Schärfentiefe etc. eine entscheidende Rolle. Der eigenen Kreativität sind hier keine Grenzen gesetzt.[127]

---

[125] vgl. Sänger 2010, S. 248
[126] vgl. Dittrich 1998, S. 137
[127] vgl. Sänger 2010, S. 257ff.

4   Nachbearbeitung

4.1   Voraussetzungen

Die Canon EOS 7D verwendet bei der Datenkompression den H.264-MOV-Codec. Dieser wurde als fertiger Ausgabemodus für Web und Blu-ray DVDs entworfen. Er ist eigentlich nicht dafür geschaffen, nachbearbeitet zu werden. Dafür bietet dieser Codec die beste Möglichkeit, große Datenmengen auf eine Speicherkarte zu bringen. So wird das Drehen in HD mit DSLR-Kameras überhaupt erst ermöglicht.

Die nativen MOV-Files lassen sich via drag and drop von der EOS 7D direkt in das Nachbearbeitungsprogramm ziehen, ohne dass sie vorher transkodiert, also umgewandelt werden müssen. Trotz dieser Möglichkeit ist es sehr empfehlenswert, die Files vor der Bearbeitung zu dekomprimieren, besonders wenn man eine Farbkorrektur vornehmen möchte. Ein transkodiertes File bietet wesentlich mehr Spielraum und erlaubt einen reibungsloseren Workflow in der Postproduktion. Die Files können in verschiedene Codecs umgewandelt werden, wie z.B. in den MPEG Streamclip von Squared 5, den Codec von Cineform oder ProRes von Final Cut. Die Transkodierung liefert einen Farbraum von 4:2:2 oder sogar 4:4:4.[128]

Hat man den Ton mit einem externen Aufzeichnungsgerät aufgenommen, so muss dieser erst mit dem Bild synchronisiert werden. Dazu gibt es auch verschiedene Möglichkeiten, bspw. die Verwendung des Programms PluralEyes von Singular Software. Dieser Schritt ist natürlich nicht nötig, wenn die kamerainterne Tonaufzeichnung verwendet wird.[129]

Nachdem Bild und Ton miteinander verkoppelt sind, kann der Schnitt des Films oder Videoclips beginnen. Auf Arbeitsschritte und Vorgehensweise beim Schneiden möchte ich im Rahmen dieser Arbeit nicht näher eingehen.

---

[128] vgl. Lancaster 2010, S. 89
[129] vgl. Lancaster 2010, S. 103

4.2 Videomesstechnik

Um Videosignale technisch richtig beurteilen zu können, benötigt man die Hilfe verschiedener Messgeräte. Viele professionelle Schnittprogramme verfügen im Color Correction Modus über solche Funktionen. Allerdings reichen diese oft nicht aus, um das Bild professionell beurteilen zu können. Meistens verfügen die Darstellungen nicht über die volle Auflösung, sondern zeigen lediglich Ausschnitte eines Bildes an, wie bspw. nur jede vierte Zeile. Auch die zeitliche Verzögerung zwischen Korrektur und Wiedergabe der Darstellung macht das Arbeiten schwierig. Die Vergrößerung eines bestimmten Bildausschnitts durch Zoomen ist ebenfalls nicht möglich. Aus diesen Gründen kommt man im professionellen Bereich um die Verwendung externer Messgeräte, die sich an den PC anschließen lassen, nicht rundum.[130]

4.2.1 Waveform-Monitor

Der Waveform-Monitor misst die Bildamplitude eines Signals. Die Darstellung zeigt den Helligkeitsverlauf von einzelnen oder den gesamten Zeilen eines Videobildes auf der horizontalen Achse. So lassen sich Helligkeit und Kontrastumfang beurteilen. Diverse Filter ermöglichen eine Trennung des Signals, so dass z.B. nur das Luminanzsignal oder die drei Grundfarben nebeneinander dargestellt werden. Die Aufteilung der Anzeige in die Farben Rot, Grün und Blau wird üblicherweise als RGB-Parade bezeichnet.

Ausschläge auf dem Waveform-Monitor bedeuten, dass sich an dieser Stelle helle Bereiche im Bild befinden, denn die Helligkeit nimmt auf der vertikalen Achse von unten nach oben zu. Auf der Darstellung ist allerdings nur die horizontale Position der Helligkeit im Bild zu erkennen, jedoch nicht die vertikale. Es lässt sich also nicht feststellen, ob sich ein heller Punkt im Bild oben oder unten befindet. Auch zur Farbverteilung liefert die Waveform-Anzeige keine Informationen.

---

[130] vgl. HULFISH Steve: The Art and Technique of Digital Color Correction. 1. Auflage, Focal Press, Burlington 2008, S.8

4.2.2 Vektorskop

Da der Waveform-Monitor keine Beurteilung der Bildfarben zulässt, ist es erforderlich, das Bild auf einem Vektorskop darzustellen. Dort können die Farben des Videobildes messtechnisch verglichen werden. Das Vektorskop schlüsselt die Farbanteile in sogenannte Vektoren auf. Die Farbverteilung wird in einem Kreis dargestellt. Auf der horizontalen Achse wird das Farbdifferenzsignal B-Y (Blau minus Helligkeit) und der vertikalen das Farbdifferenzsignal R-Y (Rot minus Helligkeit) angezeigt.

Für jede der Farben Rot, Magenta, Blau, Cyan, Grün und Gelb gibt es ein Kästchen, welches als Target bezeichnet wird. Kurze Vektoren beschreiben Farben mit geringer Sättigung, lange Vektoren zeigen stark gesättigte Farben an. Bei einer Signalüberprüfung mit einem Farbbalkentestbild sollten sich die Farben in den Kästchen befinden.

Schwarz, Weiß und alle Graustufen werden in der Mitte des Vektorskop angezeigt, da das Vektorskop ausschließlich Farben und keine Helligkeiten darstellt.[131]

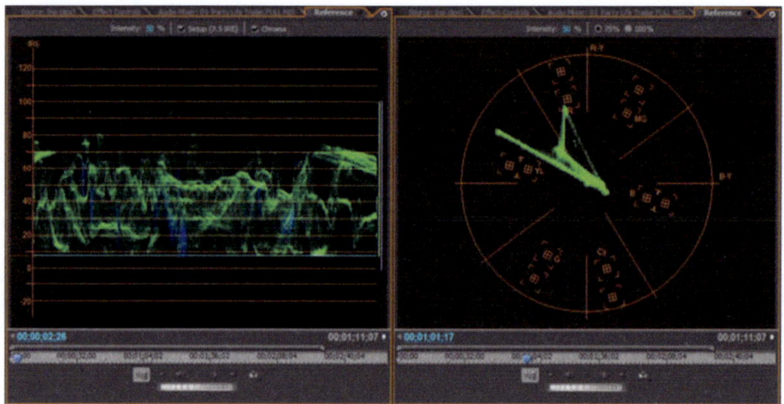

Abbildung 17: Waveform und Vektorskop in Adobe Premiere Pro

---

[131] vgl. Uhlig 2010, S. 131

4.3   Belichtungs- und Farbkorrektur

Der letzte Schritt im Postproduktions-Workflow ist die Belichtungs- und Farbkorrektur. Diese kann entweder im Schnittprogramm direkt oder in einem eigens für Farbkorrektur geschaffenen Programm durchgeführt werden.[132]

Selbst wenn die Aufnahmen sorgfältig belichtet worden sind, lassen sie sich oft in der Nachbearbeitung noch weiter verbessern und den letzten Schliff verpassen. Dieser Arbeitsschritt ist sehr ähnlich wie in der Fotografie. Allerdings muss bei der Bearbeitung auf die Möglichkeit, unkomprimierte Raw-Dateien verwenden zu können, verzichtet werden.[133]

Im Bereich der Farbkorrektur wird meistens zwischen primärer und sekundärer Farbkorrektur unterschieden.[134] Die primäre Farbkorrektur beschreibt den Zugriff auf den gesamten Bildbereich, also Schatten, Mitteltöne und Lichter. Dazu zählen die Bearbeitung der Helligkeitsverteilung und Farbbalance, bei der die Luminanzwerte angepasst und die Grundfarben der additiven Farbmischung, also Rot, Grün und Blau, beeinflusst werden.

Die sekundäre oder selektive Farbkorrektur bezieht sich auf einzelne Teilbereiche. Hier können auch die Mischfarben Gelb, Cyan und Magenta bearbeitet werden. Des weiteren ist ein Herausgreifen von Bildteilen möglich. Mit der Pipette lässt sich bspw. ein Farbwert auswählen und in Helligkeit und Farbe korrigieren, ohne dass die restlichen Bildanteile davon betroffen werden. Dies kann z.B. notwendig sein, wenn einzelne Bereiche des Bildes nach einer Beseitigung eines Farbstichs in der primären Korrektur wiederum einen anderen Farbstich erhalten.[135]

Manche Programme lassen Korrekturen immer nur gleichmäßig auf einen gesamten Clip zu, andere ermöglichen auch die Bearbeitung einzelner Ausschnitte oder auch eine Variation der Korrekturstärke innerhalb eines Clips.[136]

---

[132] vgl. Lancaster 2010, S. 107

[133] vgl. Kraus 2010, S. 146ff

[134] vgl. http://www.enzyklo.de/Begriff/Prim%C3%A4re%20Farbkorrektur

[135] vgl. http://www.movie-college.de/filmschule/postproduktion/farbkorrektur.htm

[136] vgl. Kraus 2010, S. 146ff.

4.3.1 Tonwertkorrektur

Um eine Tonwertkorrektur vorzunehmen, empfiehlt es sich, ein Histogramm zu verwenden. Dieses ist eine grafische Darstellung der Tonwertverteilung in einem Bild. Am linken Rand des Balkendiagramms befindet sich der Bereich der Farbe Schwarz, rechts ist Weiß. Das gesamte Farbspektrum ist in feinen Abstufungen dazwischen angesiedelt. Durch die Höhenangabe im Diagramm wird verdeutlicht, welche Farbe besonders häufig vertreten ist.[137]

Als erstes wird nun der Schwarzwert, welcher auch als Shadows oder Lift bezeichnet wird, angepasst. Dieser definiert das dunkelste Schwarz, das im Bild vorkommt. Ein korrekt angepasster Schwarzwert liegt, im Waveform-Monitor betrachtet, auf der Grundlinie. Ist der Schwarzwert zu hoch eingestellt, wirkt das Bild flach, also kontrastarm. Befindet er sich jedoch unter der Grundlinie, wird Zeichnung im schwarz verloren.

Nach Justierung des Schwarzwerts werden die Lichter, auch Highlights oder Gain genannt, bearbeitet. Hier wird darauf geachtet, dass die Darstellung der hellsten bildwichtigen Stellen die oberste, dünne Linie im Waveform-Monitor nicht überschreiten. Ist das der Fall, werden sie "geclippt", das heißt sie überstrahlen und haben keine Zeichnung mehr. Nachdem die Werte der Lichter angepasst sind, kann es sein, dass dieser Vorgang evt. Einfluss auf den Schwarzwert hatte und dieser nochmals angeglichen werden muss.

Durch Anpassung von Schwarzwert und Lichter wurde das Bild in den legalen Bereich (in dem das Bild nicht clippt) gebracht. Mit der Korrektur des Gamma-Werts werden nun die Mitteltöne bearbeitet. Hier lässt sich auch der größte Einfluss auf die Bildwirkung vornehmen. Je nach dem, in welchem Bereich sich die bildwichtigen Elemente befinden, kann die Anpassung ganz unterschiedlich aussehen. Auch nach der Gammakorrektur müssen Schwarzwert und Lichter ein weiteres Mal überprüft und falls nötig, angepasst werden.[138]

---

[137] vgl. WARGALLA Hennig: Farbkorrektur mit Photoshop und Scan-Programmen. 3. Auflage, MITP-Verlag GmbH, Bonn 2003, S. 49
[138] vgl. Hulfish 2008, S. 15ff.

Abbildung 18: Bild vor Tonwertkorrektur

Abbildung 19: Bild nach Tonwertkorrektur

4.3.2 Belichtung, Helligkeit und Kontrast

Diese Korrektur-Funktionen fallen ebenfalls in den Bereich der Tonwertkorrektur, jedoch sollten sie mit Vorsicht benutzt werden, da sie auf unterschiedliche Weise wirken und eine totale Kontrolle der einzelnen Bildelemente nicht immer gegeben ist.

Die nachträgliche Belichtungskorrektur simuliert Veränderungen der Belichtung in der Kamera. Wird mit der Belichtungskorrektur eine Tonwertänderung vorgenommen, so entspricht diese dem Über- oder Unterbelichten mit der Kamera. Es verändern sich vorwiegend die Schatten- und Lichtpartien. Mitteltöne werden weniger davon betroffen.

Verschiebt man den Regler für Helligkeit, so werden alle Tonwerte im Bild gleichermaßen heller bzw. dunkler. In den meisten Fällen ist es sinnvoller, für Helligkeitskorrekturen den Belichtungsregler zu verwenden, da diese Änderungen der Belichtung an der Kamera näher kommen. Am besten ist jedoch nach wie vor die einzelne Korrektur von Schwarzwert, Gamma und Lichtern.

Der Kontrast beschreibt den Unterschied zwischen hellen und dunklen Bereichen in Bild. Die Änderung des Kontrasts verändert die relative Tonwertverteilung. Die Schatten und Lichter werden hierbei im gleichen Verhältnis erhöht bzw. gesenkt.[139]

Eine genauere Anpassung des Kontrasts kann durch die Verwendung der Luminanzkurve erfolgen. Diese Funktion findet man bei den meisten Programmen als vierte Kurve in den RGB-Curves. Auf die RGB-Kurven wird in Kapitel 4.3.4 noch näher eingegangen. Die horizontale Achse der Luminanzkurve beschreibt den Eingangspegel, die vertikale den Ausgangspegel. Die beiden Achsen sind durch eine diagonale Gerade von links unten nach rechts oben verbunden, welche eine Steigung von 45° Grad aufweist. Schwarz befindet sich im linken, unteren Eck und hat bei einem Video mit 8-Bit Farbtiefe den Tonwert 0. Weiß befindet sich rechts oben und wird dem Wert 256 zugeordnet. Per Mausklick können nun Punkte auf die Linie gesetzt werden, die sich verschieben lassen. Noch exakter ist die manuelle Eingabe der einzelnen Tonwerte. Eine flache Kurve beschreibt geringe Unterschiede zwischen verschieden hellen Bildstellen, bei einer steilen Kurve werden die Helligkeitsunterschiede verstärkt. Die

---

[139] vgl. Kraus 2010, S. 148f.

einzelnen Abschnitte der Kurve lassen sich gezielt bearbeiten und ermöglichen eine individuelle Kontrastanpassung in den verschiedenen Bereichen des Bildes.[140]

4.3.3 Korrektur des Weißabgleich

An eine neutrale Farbdarstellung sollte bereits bei der Aufnahme des Motivs gedacht werden. In den meisten Fällen empfiehlt es sich, den gewünschten Look des Films erst in der Postproduktion zu erzeugen und beim Drehen möglichst viele Bildinformationen einzufangen. Teile des Bildsignals, die beim Aufnehmen schon verloren gehen, können auch in der Nachbearbeitung nicht mehr wiedergewonnen werden.[141] Wie bereits in Kapitel 2.3.5. näher beschrieben, gibt es an der Canon EOS 7D verschiedene Möglichkeiten, den Weißabgleich einzustellen, um etwaigen Farbstichen vorzubeugen.

Trotzdem kann es aus verschiedenen Gründen zu ungewünschten Verschiebungen der Farbtemperatur kommen, bspw. wenn die Kamera auf den automatischen Weißabgleich (AWB) eingestellt ist, im Bild aber keine ausreichend große, weiße Fläche als Referenz zu finden ist.[142] Dann kann der Weißabgleich in der Nachbearbeitung angepasst werden. In den meisten Programmen wird dabei im Standbild mit einer Farbpipette eine möglichst neutrale Stelle angeklickt. Dieser Farbwert wird dann als weiß gewertet und für den Weißabgleich herangezogen. Dies ist die einfachste und schnellste Möglichkeit, einen Farbstich zu beseitigen. Alternativ dazu lässt sich in den meisten Programmen die gewünschte Farbtemperatur auch manuell in Grad Kelvin einstellen.[143]

4.3.4 Farbkorrektur und -sättigung

Um einen Farbstich zu erkennen, sind Waveform-Monitor und Vektorskop sehr hilfreich, wie bereits in Kapitel 4.2 angesprochen.

Eine andere Möglichkeit stellt die Anwendung der Info-Pipette dar. Mit dieser Pipette können die RGB-Werte eines bestimmten Pixels analysiert werden. Damit kann man bspw. herausfinden, ob die Balance von Rot, Grün und Blau an farbneutralen, also

---

[140] vgl. Baumann, Elmar: URL: http://www.elmar-baumann.de/fotografie/ebv/grundlegend-19.html, Stand 10.01.2013

[141] vgl. Lancaster 2010, S. 60

[142] vgl. Gross 2010, S.246

[143] vgl. Kraus 2010, S. 150

weißen, schwarzen oder grauen Stellen ausgewogen ist. Ist dies nicht der Fall, weil eine Farbe überwiegt, kann man gezielt den jeweiligen Farbkanal bearbeiten und die Differenz ausgleichen.[144]

In den Bereich der Farbkorrektur fällt z.B. die Einstellung der Farbbalance. Viele Programme bieten hier drei Farbkreise an, welche wiederum in die drei Helligkeitsbereiche Schatten, Gamma und Lichter unterteilt sind. Dem Prinzip der additiven Farbmischung[145] folgend können Farben verändert werden, indem man den Cursor von der Neutralstellung in der Mitte des Kreises in die Richtung einer bestimmten Farbe bewegt. Damit lassen sich Farbstiche, die das Bild betreffen, entfernen oder auch erzeugen. Wie bei der Tonwertkorrektur sollte auch hier mit den Schatten begonnen werden, gefolgt von den Lichtern. Die Mitteltöne werden dann als letztes bearbeitet.[146]

Eine andere Möglichkeit, Farben in der Postproduktion zu bearbeiten, ist die Verwendung der sogenannten RGB-Curves. Diese Funktion verfügt über vier Kurven. Eine davon ist die Luminanzkurve, welche in Kapitel 4.3.2 bereits erläutert wurde. Die restlichen drei Kurven sind für die drei Farbkanäle Rot, Grün und Blau und lassen sich auf die gleiche Weise bedienen wie die Luminanzkurve. Es empfiehlt sich, einen Waveform-Monitor mit RGB-Parade zu verwenden, denn so kann die Auswirkung der Korrekturen auf die einzelnen Farbkanäle überwacht und beurteilt werden.[147]

Die drei Grundfarben Rot, Grün und Blau lassen sich auch über einzelne Regler ansteuern. Die Intensität der verschiedenen Farben können mit diesen erhöht oder verringert werden. So lässt sich bspw. das Blau des Himmels stärker sättigen, ohne dass die anderen Farben davon betroffen werden. Korrekturen der jeweiligen Farbe wirken sich hierbei immer auf den gesamten Bildbereich aus.[148]

Das Anpassen der Farbsättigung sollte generell erst am Schluss der Farbkorrektur geschehen, da die Bearbeitung von Schwarzwert, Gamma, Lichtern und Farbbalance immer Einfluss auf die Sättigung nimmt. Durch Arbeitsschritte wie dem Anheben der Lichter oder Verschieben des Gammas kann es zu einer Steigerung der Farbsättigung

---

[144] vgl. Driemeyer, Rolf: URL: http://www.rolfdriemeyer.de/Bearbeitung/Farbkorrektur/farbkorrektur .htm, Stand 11.01.2013

[145] Additive Farbmischung beschreibt die Mischung der Lichtfarben Rot, Grün und Blau. Die Summe dieser drei Primärfarben ergibt Weiß. URL: http://www.leifiphysik.de/web_ph09/umwelt_technik/13farbmischung/ addition/addition.htm, Stand 11.01.2013

[146] vgl. Altmann, Ralph: URL: http://www.simpelfilter.de/pdf/142-145.pdf, S. 1, Stand 11.01.2013

[147] vgl. Hulfish 2008, S. 82ff.

[148] vgl. Kraus 2010, S. 150

kommen. Dies führt unweigerlich zu einem stärkeren Farbrauschen, welches sich durch ein Verringern der Sättigung wieder senken lässt.

Des weiteren sollten die Farben "legalisiert werden". Illegale Farben bezeichnen in der Videotechnik Farben, die ein zu starkes Signal haben und über dem Videopegel liegen. Das kann technische Fehler in Speicherung, Übertragung und Darstellung zur Folge haben. Im Vektorskop gibt es Markierungen, die die Grenze kennzeichnen, welche nicht überschritten werden darf. Beiträge mit illegalen Farben fallen üblicherweise bei einer technischen Abnahme durch und werden nicht gesendet.[149]

4.4 Weitere Korrekturen

Einige Programme bieten eine nachträgliche Rauschunterdrückung an, welche bei Bildern mit starkem Rauschen, bspw. Nachtaufnahmen mit hohen ISO-Zahlen, angewendet werden kann. Die Funktion glättet die Struktur der Aufnahme und macht das Bild weicher. Das hat natürlich Auswirkung auf die Schärfe. Oft müssen anschließend die Kanten mit sehr großem Zeitaufwand nachgeschärft werden, worunter auch die Qualität des Bildes leidet. Deshalb ist es sehr wichtig, schon bei der Aufnahme alles so zu optimieren, dass möglichst wenig Rauschen entsteht.[150]

Verwackelte Aufnahmen lassen sich in der Postproduktion mithilfe der Bildstabilisierung ausrichten und ruhiger gestalten. Jedes Einzelbild einer Videoaufnahme wird hierbei so verschoben, dass sich ein ruhendes Bildelement immer an derselben Stelle befindet. Manche Programme können eine solche Korrektur automatisch ausführen. Szenen werden nach fixen Objekten durchsucht und die Einzelbilder durch Drehen und Verschieben so angeordnet, dass ungewünschte Kamerabewegungen herausgefiltert werden. Allerdings sollte man sich bewusst sein, dass der sichtbare Ausschnitt durch die Stabilisierung kleiner wird, da die Funktion in das Bild hinein zoomt, um die Bewegungen auszugleichen. Es empfiehlt sich daher, bei Aufnahmen mit Verwacklungsgefahr ein Objektiv mit größerem Bildwinkel einzusetzen. Natürlich leidet auch die Auflösung unter der nachträglichen Bildstabilisierung. Auch hier gilt: Je sorgfältiger bei der Videoaufzeichnung vorgegangen wird, desto besser sind die Ergebnisse hinterher.[151]

---

[149] vgl. URL: http://www.movie-college.de/filmschule/postproduktion/farbkorrektur.htm, Stand 11.01.2013
[150] vgl. Kraus 2010, S. 152f.
[151] vgl. Kraus 2010, S. 153

5   Zusammenfassung

Digitale Spiegelreflexkameras wie die Canon EOS 7D mit der Fähigkeit, Videos in voller HD Qualität aufzunehmen, haben der Markt entscheidend geprägt und voran getrieben. Die Möglichkeit, Videos mit einer so geringen Schärfentiefe drehen und so den gewünschten "Film-Look" herbeiführen zu können, noch dazu mit dem geringen Kostenaufwand, begeisterte Amateure wie professionelle Filmschaffende gleichermaßen.

Die Video-Funktion der EOS 7D ist auf jeden Fall bemerkenswert. Durch den großen Sensor kann auf kreative Art und Weise mit selektiver Schärfe gearbeitet werden. Auch die Tatsache, dass Objektive ausgewechselt werden können, bringt zahlreiche gestalterische Möglichkeiten mit sich. Des weiteren wird durch die manuelle Kontrolle von sämtlichen bildwichtigen Parametern wie Fokus, Blende, Verschlusszeit, Empfindlichkeit etc. ein professionelles Arbeiten ermöglicht.

Das Filmen mit der EOS 7D bringt aber auch Schwierigkeiten mit sich. Ein großer Nachteil ist mit Sicherheit die starke Komprimierung des H.264 Codec. Durch den geringen Spielraum in der Nachbearbeitung sollten Recherche, Planung und Video-Aufzeichnung umso sorgfältiger durchgeführt werden, denn was bei der Aufnahme an Bildinformation verloren geht, ist nicht mehr rekonstruierbar. Auch die Handhabung der Kamera an sich kann sich je nach Situation als schwierig erweisen. Die geringe Schärfentiefe des großen Sensors kann ein Schärfeziehen extrem anspruchsvoll gestalten, besonders wenn es darum geht, die unberechenbaren, schnellen Bewegungen eines Tieres einzufangen. Selbst professionelle Schärfenziehvorrichtungen können unter Umständen nur geringe Abhilfe schaffen.

Ist man sich den Nachteilen der Canon EOS 7D bewusst, können jedoch viele schwierige Situationen umgangen werden. Auch in der Natur gibt es viele Möglichkeiten zu tricksen. Durch Hilfsmittel wie bspw. Reflektoren lassen sich harte Kontraste abschwächen. Dies kommt dem begrenzten Belichtungsumfang der Kamera entgegen. Sieht man die geringe Schärfentiefe als Chance und nicht als Hindernis, können atemberaubende Aufnahmen gelingen, die vorher mit einem Camcorder der gleichen Preiskategorie niemals möglich gewesen wären. Die digitalen Spiegelreflexkameras mit Video-Funktion haben die Filmwelt zu Recht verändert.

Literaturverzeichnis

DITTRICH Bruno: Natur vor der Kamera. Fotografieren und Videofilmen wie ein Profi. 1. Auflage, Rasch und Röhring Verlag GmbH, Hamburg 1998.

GROSS Stefan: Das Profi-Handbuch zur Canon EOS 7D. 1. Auflage, Data Becker GmbH & Co. KG, Düsseldorf 2010.

HULFISH Steve: The Art and Technique of Digital Color Correction. 1. Auflage, Focal Press, Burlington 2008

KRAUS Helmut: HD-Filmen mit der Spiegelreflex. Mit der DSLR-Kamera zum perfekten Film-Look in HD und Full HD. 1. Auflage, dpunkt.verlag GmbH, Heidelberg 2010.

LANCASTER Kurt: DLSR Cinema. Crafting the Film Look with Video. 1. Auflage, Focal Press, Burlington 2010.

NERDINGER Winfried: Elemente künstlerischer Gestaltung. Eine Kunstgeschichte in Einzelinterpretation. 1. Auflage, Lurz Verlag, München 1986.

SÄNGER Kyra und Christian: Mit der Canon EOS in die Natur. Technik und Fotopraxis. 1. Auflage, Addison-Wesley Verlag, München 2010.

SCHMIDT Ulrich: Digitale Film- und Videotechnik. 2. Auflage, Carl Hanser Verlag, München 2008.

SEEHAFER Ingo: Naturfotografie. Teil 1. Einführung in die Naturfotografie. Herausgegeben von PSD-Tutorials.de 2008. URL: http://www.psd-tutorials.de/tutorials/fotografie/ naturfotografie, Stand 04.01.2013

SEEHAFER Ingo: Naturfotografie. Teil 2. Equipment. Herausgegeben von PSD-Tutorials.de 2008. URL: http://www.psd-tutorials .de/tutorials/fotografie/naturfotografie, Stand 04.01.2013.

UHLIG Mathias A.: Manual der Filmkameratechnik. 1. Auflage, Camera Obscura Verlag, Waschow 2007.

WARGALLA Hennig: Farbkorrektur mit Photoshop und Scan-Programmen. 3. Auflage, MITP-Verlag GmbH, Bonn 2003.

Quellenverzeichnis

ALTMANN Ralph: URL: http://www.simpelfilter.de/pdf/142-145.pdf, S. 1, Stand 11.01.2013.

BAUMANN Elmar: URL: http://www.elmar-baumann.de/fotografie/ebv/grundlegend-19.html, Stand 10.01.2013.

DRIEMEYER Rolf: URL: http://www.rolfdriemeyer.de/Bearbeitung/Farbkorrektur/ farbkorrektur.htm, Stand 11.01.2013.

GOETHE Johann Wolfgang v.: URL: http://www.textlog.de/6812.html, Stand 05.01.2013.

URL: http://www.digitalkamera.de/Testbericht/Olympus_E_330/3227.aspx, Stand 26.12.2012.

URL: http://de.wiktionary.org/wiki/Photon, Stand 26.12.2012.

URL: http://www.duden.de/rechtschreibung/dichroitisch, Stand 27.12.2012.

URL: http://www.filmscanner.info/Farbtemperatur.html, Stand 28.12.2012.

URL: http://www.regie.de/berufsbilder/steadicam.php, Stand 02.01.2013.

URL: http://www.fotolaborinfo.de/foto/filter.htm#UVFilter, Stand 03.01.2013.

URL: http://www.enzyklo.de/Begriff/Prim%C3%A4re%20Farbkorrektur, Stand 08.01.2013.

URL: http://www.movie-college.de/filmschule/postproduktion/farbkorrektur.htm, Stand 08.01.2013.

URL: http://www.leifiphysik.de/web_ph09/umwelt_technik/13farbmischung/addition/addition.htm, Stand 11.01.2013.

URL: http://www.cnet.de/39199498/nikon-d90-erste-dslr-die-hd-videos-in-1280-x-720-aufnimmt/, Stand 12.01.2013.

Grafik- und Tabellenverzeichnis

Anlagen

Ausleseverfahren beim CMOS-Sensor

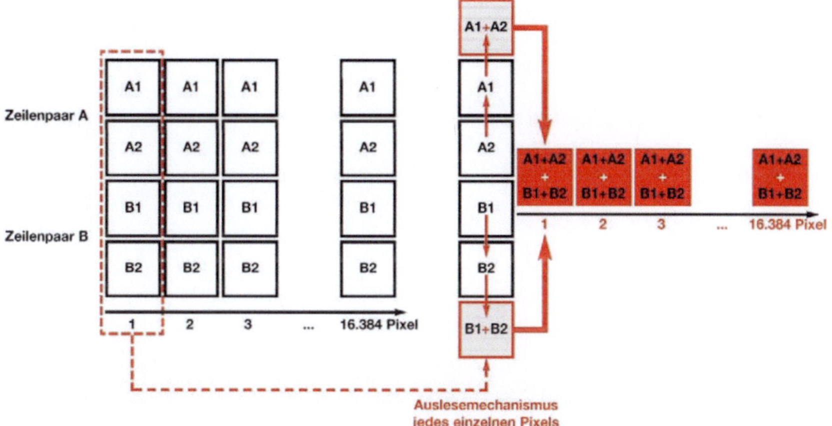

Verschiedene Ausleseverfahren beim CCD-Sensor

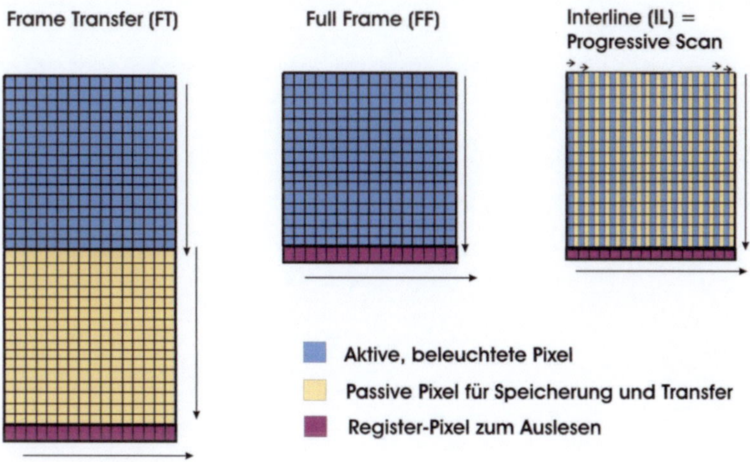

Tabelle der Farbtiefe

Farbtiefe	Name/Verwendung	Kodierung	Anzahl darstellbarer Farben
1 Bit	Monochrom	Keine eindeutige Zuordnung	$2^1 = 2$
4 Bit	Verwendet bei EGA-Grafikkarten	Keine eindeutige Zuordnung	$2^4 = 16$
6 Bit	Verwendet von den Amiga-Computern für HAM- und Halfbright-Modus	Keine eindeutige Zuordnung	$2^6 = 64$ (durch speziellen HAM-Mechanismus aber bis zu 4096)
8 Bit	Verwendet von den MSX2-Computern	Rot: 3 Bit Grün: 3 Bit Blau: 2 Bit	$2^8 = 256$ (durch speziellen HAM8-Mechanismus beim Amiga aber bis zu ca. 2 Millionen)
12 Bit	Verwendet in mehreren NeXT-Workstations	4 Bit pro Farbe	$2^{12} = 4096$
15 Bit	Real Color	Rot: 5 Bit Grün: 5 Bit Blau: 5 Bit	$2^{15} = 32.768$
16 Bit	High Color	Rot: 5 Bit Grün: 6 Bit Blau: 5 Bit	$2^{16} = 65.536$
24 Bit	True Color	Je ein Byte (8 Bit) für R, G und B	$2^{24} = 16.777.216$
24 Bit Farbe + 8 Bit Alpha	True Color mit 8-Bit-Alphakanal	Je ein Byte (8 Bit) für R, G und B und α	$2^{24} = 16.777.216$
30 Bit	beispielsweise PAL	Je 10 Bit für Y, U und V	$2^{30} = 1.073.741.824$
36 Bit	beispielsweise hochwertige Fotografie	Je 12 Bit für R, G und B	$2^{36} = 68.719.476.736$
42 Bit	beispielsweise hochwertige Flachbildfernseher	Je 14 Bit für R, G und B	$2^{42} = 4.398.045.511.104$
48 Bit	beispielsweise hochwertige Flachbettscanner	Je 16 Bit für R, G und B	$2^{48} = 281.474.976.710.656$

Sinnlich-sittliche Farbwirkung nach Goethe (1810)

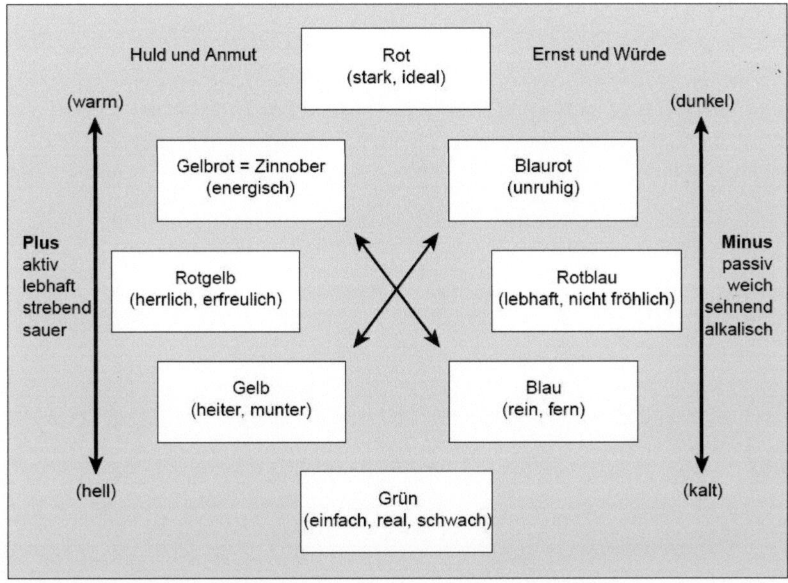

Printed by Books on Demand GmbH, Norderstedt / Germany